I0470995

Elektrotechnik

für Ingenieurstudenten nichtelektrotechnischer Fachrichtungen

ISBN: 1481830600

ISBN-13: 978-1481830607

Veneterstr. 23,

52074 Aachen

Deutschland

Vorwort

Dieses Buch richtet sich an Studierende des Maschinenbaus, der Luft- und Raumfahrttechnik und anderer nichtelektrotechnischer Fachrichtungen.

Durch Verwendung von Analogien z.B. zu Druck und Durchflussmengen von Wasser wird dem Leser der Einstieg in die Elektrotechnik stark erleichtert. Begriffe wie Strom, Spannung, Leistung, Widerstand, Kapazität, Induktivität bei Gleich- und Wechselspannung werden anschaulich erklärt und deren Zusammenhänge hergeleitet. Die grundlegenden Gesetze der Elektrotechnik werden „nacherfunden". Alle Formeln werden dabei aus dem Verständnis hergeleitet. Durch die leicht verständlichen Erklärungen sind auch Leser, die bisher keinen Kontakt zur Elektronik hatten in der Lage, den Stoff zu verstehen.

Dieses Buch entstand im Rahmen einer Vorlesung, die der Autor als Professor an der FH Aachen seit vielen Jahren abhält.

Der Stil dieses Buches ist von daher auch in einer Art gehalten, die dem einer Vorlesung entspricht.

Aus didaktischen Gründen wurde das Buch im aufwändigeren und deutlich teureren Vollfarbendruck herausgegeben.

Anmerkung: Die kursiv gedruckten Anmerkungen sind nicht unmittelbar Inhalt des in der Vorlesung vermittelten Stoffes sondern dienen der Hintergrundinformation.

Inhalt

1 Gleichspannungstechnik

1.1 Der einfache Stromkreis

Um die Elektrotechnik leichter begreifbar zu machen, können wir uns der Vorstellung des Wasserflusses bedienen. Wir stellen uns dabei immer einen geschlossenen Wasserkreislauf vor. In Bild 1 ist der einfache Fall dargestellt, dass wir eine Pumpe P haben, die über Rohre mit einem Behälter verbunden ist, der durch seine Füllung dem Wasser einen Strömungswiderstand entgegensetzt. Demgegenüber betrachten wir die Rohrleitungen als ideal, d.h. sie setzen dem Fluss des Wassers keinen Widerstand entgegen.

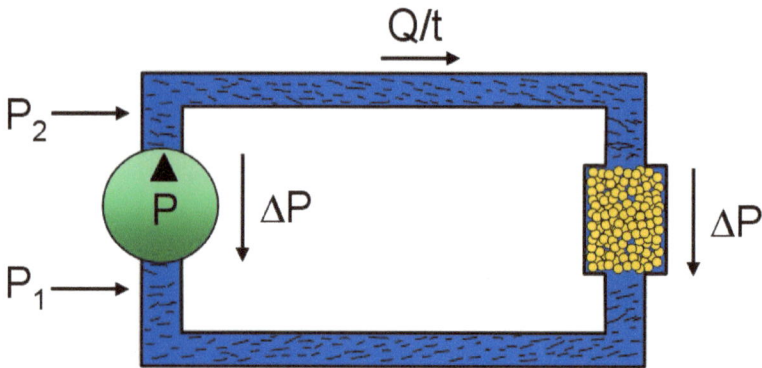

Bild 1: Wasserkreislauf als Analogon zum elektrischen Stromkreis

Betrachten wir nun den Druck vor der Pumpe P_1 und den Druck hinter der Pumpe, so wird klar, dass gerade die Druckdifferenz $\Delta P = P_1 - P_2$ entscheidend ist für die Wassermenge pro Zeit (also Q/t), die durch den Behälter gepumpt werden kann. Weiterhin stellen wir fest, dass am Behälter der selbe Differenzdruck ΔP liegt wie an der Pumpe (ideale Leitungen waren ja vorausgesetzt).

Als nächstes wollen wir uns den elektrischen Stromkreis ansehen. Eine Spannungsquelle entspricht hier der Pumpe des Wasserkreislaufs. Ein Widerstand R wird nun mit der Spannung dieser Quelle beaufschlagt.

Bild 2: Elektrischer Stromkreis in Analogie zum Wasserkreislauf

Die Spannung U entspricht dabei der Druckdifferenz im Wasserkreislauf. Da auch im elektrischen Fall die Leitungen als ideal angesehen werden, liegt auch hier am Widerstand die gleiche Spannung

(„Druckdifferenz") wie an der Quelle. Dies mag zunächst recht trivial klingen, doch stellt man immer wieder fest, dass gerade diese Erkenntnis oft den praktischen Beispielen übersehen wird.

Durch den Widerstand fließt nun ein elektrischer Strom I, für den auch – wie beim Wasser – die Schreibweise Q/t als *Ladungs*menge pro Zeit geschrieben werden darf.

Nun stellen wir uns die Frage, was wohl passiert, wenn wir die Spannung (also quasi die Druckdifferenz) erhöhen. Richtig: der Stromfluss wird zunehmen. Also lässt sich schreiben:

$$U \sim I \quad \text{oder} \quad \frac{U}{I} = \text{const.}$$

Lässt sich nun auch die Konstante ermitteln? Wovon hängt denn der Stromfluss noch ab? Doch wohl auch von der Größe des Widerstandes, der ihm entgegengesetzt wird. Je größer der Widerstand um so geringer ist der Stromfluss (bei konstanter Spannung = Druckdifferenz). Also lässt sich insgesamt schreiben:

$$\frac{U}{I} = R \quad \text{oder auch} \quad U = R \cdot I$$

Die Gleichung $U = R \cdot I$ ist bekannt als das **Ohmsche Gesetz** (Ohm's Law); als Merkwort wird häufig das Wort „URI" verwendet. Wenn man sich allerdings die physikalischen Zusammenhänge in der eben beschriebenen Art klar macht, sollte es möglich sein, diese Formel notfalls immer wieder neu zu „erfinden". Man überlegt einfach, was passiert mit dem Strom bei einer Erhöhung des Druckes bzw. bei einer Erhöhung des Widerstandes, und schon sollte klar sein, welcher Wert im Zähler und welcher im Nenner steht. Diese Art, sich Formeln zu merken, bzw. jederzeit schnell neu erfinden zu können ist nur an Verständnis gebunden und nicht an Auswendiglernen. So kann das Wissen viel länger präsent bleiben. Auch im weiteren Verlauf der Betrachtungen werden wir uns immer wieder klar machen, warum die Formeln so lauten wie sie nun mal lauten und werden feststellen, dass es gar nicht so schwierig ist, all diese Formeln (neu) zu „erfinden".

Nun aber zurück zu einigen grundlegenden Bezeichnungen, die wir leider doch „lernen" müssen: die Einheiten der elektrischen Größen:

Spannung (voltage)	U	V	Volt (volts)
Strom (current)	I	A	Ampere (amps)
Widerstand (resistance)	R	Ω	Ohm (ohms)

Aus der Beziehung R = U/I folgt für die Einheiten:

$$1\Omega = \frac{1V}{1A} \quad \text{oder einfach} \quad \Omega = \frac{V}{A}$$

Den Kehrwert des Widerstandes nennt man **Leitwert** *(conductance)* und bezeichnet diesen mit dem Buchstaben **G**, also gilt:

$$G = \frac{1}{R} = \frac{I}{U}$$

Die Einheit beträgt $1/\Omega$, was auch als **Siemens** mit dem Kurzzeichen **S** bezeichnet wird. Im Englischen wird die Einheit anders benannt und zwar in Anlehnung an den Kehrwert von „Ohm" als „mho"!

Es gilt also für die Einheit von G:

$$S = \frac{1}{\Omega} = \frac{A}{V}$$

Ladungstransport durch Elektronen

Nun wollen wir wieder zurückkommen auf die Analogie zum Wasserfluss. Was fließt eigentlich im Stromkreis? Es sind die Elektronen, die fließen. Elektronen sind elektrische Ladungen und zwar ist das Elektron die kleinste elektrische Ladungseinheit. Die Gesamtladung wird als Q bezeichnet; ein Ladungsfluss, also der Stromfluss I, ist die Menge der pro Zeit transportierten Ladungen also gilt:

$$I = \frac{Q}{t} \text{ oder auch } Q = I \cdot t$$

Die **Einheit der Ladung** wird mit **Coulomb (C)** bezeichnet und ergibt sich demnach zu:

$$1C = 1As$$

Die kleinste Ladungsmenge, also die Ladung eines Elektrons, ist die sogenannte **Elementarladung e** und diese beträgt:

$$e = -0{,}16 \cdot 10^{-18} \text{ As}$$

Das Minuszeichen vor dem Wert deutet auf ein gewisses Paradoxon hin: Die Elektronen fließen von Minus nach Plus, also vom Elektronenüberschuss hin zum Elektronenmangel. Die technische Stromrichtung ist jedoch von Plus nach Minus definiert. In Rahmen aller unserer weiteren Betrachtungen wollen wir mit dieser technischen Stromrichtung arbeiten. Die Elektronenflussrichtung ist zwar genau entgegengesetzt, dies ist aber für das Verständnis der weiteren Kapitel nicht von Belang.

Wenn wir die Anzahl der bei einem Strom von 1A in einer Sekunde transportierten Elektronen wissen wollen, so können wir diese aus den uns nun schon bekannten Beziehungen ermitteln:

$$I = \frac{Q}{t} = \frac{N \cdot |e|}{t} \quad \text{also} \quad N = \frac{I \cdot t}{|e|}$$

mit 1A und 1s: $N = 6 \cdot 10^{18}$

Aufgrund dessen, dass die Anzahl der für den Ladungstransport verfügbaren Elektronen ebenfalls recht hoch ist, ergibt sich für die sogenannte **Driftgeschwindigkeit v_D** der Elektronen, mit der dieser Ladungstransport von statten geht der nicht besonders hoch erscheinende Wert von

v_D = ca. 0,1 – 10mm/s (je nach Leitungsquerschnitt und Stromhöhe)

Die Fortpflanzung der Wirkung des Elektronentransportes ist allerdings wesentlich schneller und findet etwa mit Lichtgeschwindigkeit (c = ca. 300.000 km/s) statt.

Auch hier kann man das Wasser wieder als Hilfsvorstellung heranziehen; wenn ein (gefüllter) Gartenschlauch an der einen Seite mit Druck beaufschlagt wird, so kann ganz kurze Zeit später an der anderen Seite Wasser entnommen werden, genau diejenigen Wassermoleküle, die vorne eingespeist werden, erreichen die andere Seite erst wesentlich später. Bild 3 soll dies nochmals mit Hilfe eines langen Rohres, das mit Tischtennisbällen gefüllt ist, verdeutlichen. Wenn vorne ein Ball hineingesteckt wird, fällt hinten einer heraus. Es dauert allerdings sehr lange, bis genau der Ball, der gerade hineingesteckt wurde hinten wieder heraus kommt.

Bild 3: Modellvorstellung Tischtennisbälle im langen Rohr

„Gesetzeskunde"

Wir haben nun schon die Erfahrung gemacht, dass bestimmte Gesetzmäßigkeiten der Elektrotechnik durch einfache Überlegungen hergeleitet werden können. Auch im folgenden wollen wir versuchen, durch anschauliche Überlegungen weitere Gesetze „nachzuerfinden".

Wir wollen uns nun zunächst eine Verzweigung im Stromkreis anschauen (Bild 4). Der Gesamtstrom muss sich nun auf zwei Widerstände R_1 und R_2 aufteilen. Welchen Zusammenhang können wir für I, I_1 und I_2 erwarten?

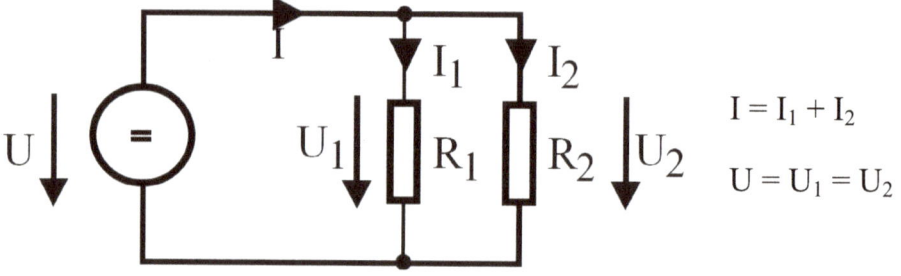

Bild 4: „Stromverzweigung"

$$I = I_1 + I_2$$
$$U = U_1 = U_2$$

Natürlich muss der Strom I der Summe der beiden Einzelströme I_1 und I_2 entsprechen. (Dies ist nicht anders als bei der Aufteilung von Wasser in einem Rohrsystem, siehe Bild 5.)

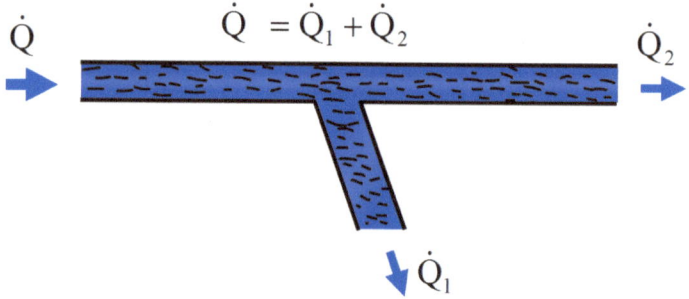

Bild 5: „Wasserverzweigung"

In der Elektrotechnik wird diese Abzweigung auch als Knoten bezeichnet und demgemäß gilt:

Die Summe aller in einen Knoten hineinfließenden Ströme ist Null!

Zunächst mag dieser Satz merkwürdig erscheinen, wenn man allerdings das Wort „hinein" richtig interpretiert, wird klar, dass der Satz stimmt, wenn nur das Vorzeichen berücksichtigt wird: die herausfließenden Ströme werden negativ gezählt. Also gilt tatsächlich für jeden beliebigen Knoten:

$$\Sigma I = 0 \quad \text{hier:} \quad I - I_1 - I_2 = 0$$

Dies wird auch als das **1. Kirchhoff'sche Gesetz** oder auch als **Knotenpunktregel** bezeichnet.

Dieses Gesetz nachzuerfinden war ja nicht schwer. Also auf zu weiteren Erfindungen! Bild 6 zeigt eine Schaltung, in der zwei Widerstände nacheinander vom (selben) Strom durchflossen werden. Nun fragen wir uns, in welcher Beziehung die Einzelspannungen U_1 und U_2 an den beiden Widerständen zur Gesamtspannung der Quelle U stehen. Wenn wir an die Druckdifferenzen im Wasserleitungssystem denken, dürfte uns die Sache klar sein:

G. Schmitz: Elektrotechnik für Ingenieurstudenten

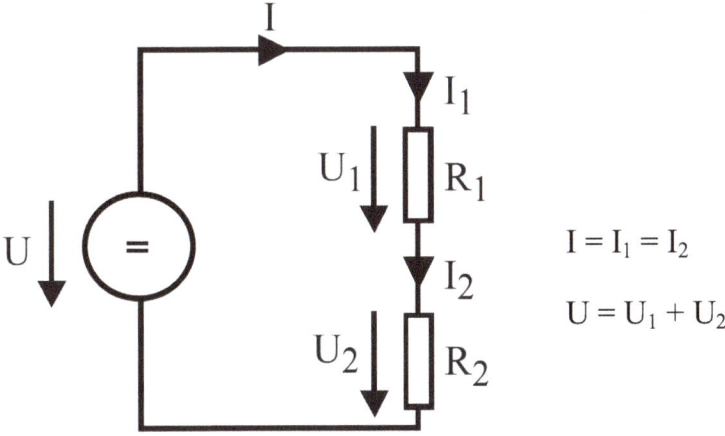

$$I = I_1 = I_2$$
$$U = U_1 + U_2$$

Bild 6: Addition von Spannungen

Die Gesamtspannung U ergibt sich als Summe der Teilspannungen U_1 und U_2. Auch hier kann man wieder verallgemeinern: Wenn man von einem beliebigen Punkt ausgehend alle Spannungen aufaddiert (Vorzeichen also Richtung beachten), so muss bei Rückkehr zum Ausgangspunkt sich als Summe wieder Null ergeben. (Auch beim Wasserleitungssystem gilt natürlich, dass alle Druckdifferenzen aufaddiert Null ergeben müssen, Bild 7.)

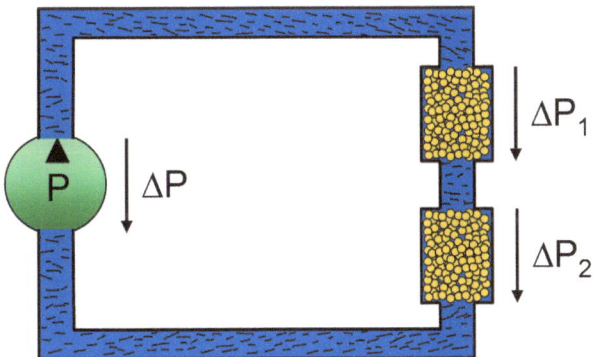

Bild 7: Analogie des Maschenumlaufs zu Druckdifferenzen im Wassersystem

Ein solcher Umlauf wird als Masche bezeichnet und es gilt somit für beliebige Maschen:

Die Summe aller Spannungen bei einem Maschenumlauf ist Null!

Dieses **2. Kirchhoff'sche Gesetz** wird auch als **Maschenregel** bezeichnet.

$$\Sigma U = 0 \quad \text{bzw. für unser Beispiel: } U_1 + U_2 - U = 0$$

Wie kommt nun das Vorzeichen in der Summe zustande? Bei einem Maschenumlauf müssen wir einen Umlaufsinn festlegen, der willkürlich gewählt werden kann. Dazu zeichnen wir einen Umlaufpfeil in die von uns betrachtete Masche ein.

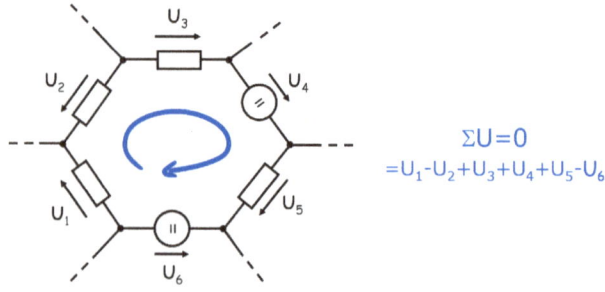

$$\Sigma U = 0$$
$$= U_1 - U_2 + U_3 + U_4 + U_5 - U_6$$

Bild 8 Masche mit Umlaufsinn und Spannungspfeilen

Alle Spannungen, deren Spannungspfeile in Richtung des Umlaufsinns zeigen, werden addiert, alle in Gegenrichtung subtrahiert. Kennt man die Richtung der Spannung tatsächlich noch nicht, so kann zunächst eine Pfeilrichtung angenommen werden; stellt sich diese Richtung später als „falsch" heraus, so ist der Wert der Spannung negativ.

1.2 Elektrischer Widerstand, elektrische Leistung

1.2.1 Reihenschaltung und Parallelschaltung von Widerständen

Die nächsten „Erfindungen" warten auf uns. Sehen wir uns nochmals das vorige Beispiel an und überlegen wir uns doch einmal, ob man die zwei Widerstände nicht durch einen einzigen ersetzen kann (Bild 9).

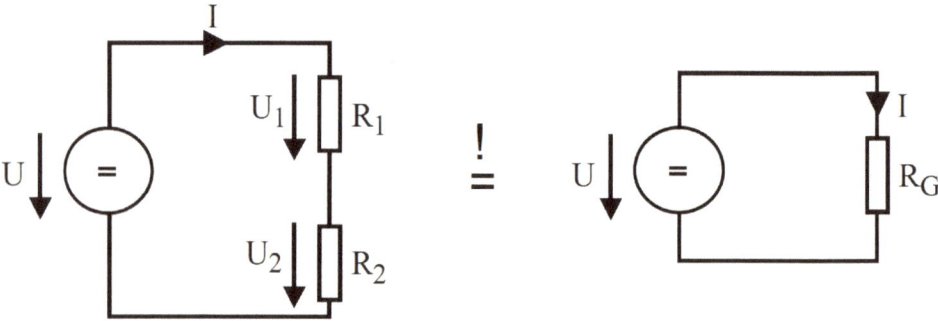

Bild 9: Reihenschaltung von Widerständen

Unter Anwendung unseres bisherigen Wissens lassen sich folgende Gleichungen aufstellen:

$U = R_G \cdot I$

$U_1 = R_1 \cdot I$

G. Schmitz: Elektrotechnik für Ingenieurstudenten

$U_2 = R_2 \cdot I$

Ein Maschenumlauf ergibt:

$U = U_1 + U_2$

Wenn wir in diese Gleichung die obigen drei Gleichungen einsetzen, so ergibt sich:

$R_G \cdot I = R_1 \cdot I + R_2 \cdot I$ und nach kürzen von I:

$$R_G = R_1 + R_2$$

Somit haben wir also eine **Formel für die Reihenschaltung von Widerständen** gefunden. Es lässt sich leicht einsehen, dass diese Formel auch für mehr als zwei Widerstände gilt.

Kann nun auch für die Parallelschaltung ebenso einfach eine Formel gefunden werden? Dazu betrachten wir nochmals die Parallelschaltung und versuchen, die beiden Widerstände R_1 und R_2 durch einen einzigen Gesamtwiderstand R_G zu ersetzen.

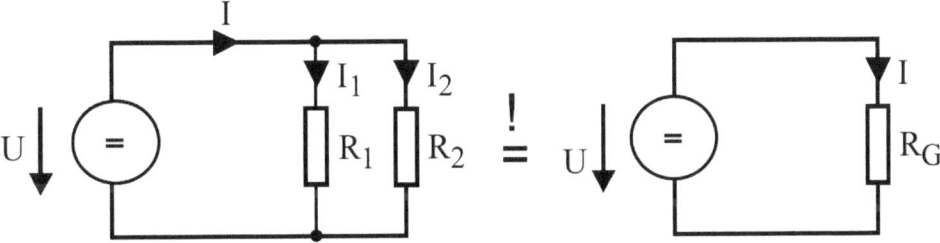

Bild 10: Parallelschaltung von Widerständen

An allen Widerständen liegt die gleiche Spannung an (denken Sie an den Druck im Wasserkreislauf). Also gilt:

$U = R_1 \cdot I_1 = R_2 \cdot I_2 = R_G \cdot I$

gemäß der Knotenpunktregel muss gelten:

$I = I_1 + I_2$

Die obige Spannungsgleichung wollen wir in der jeweils nach I aufgelösten Form einsetzen:

$\dfrac{U}{R_G} = \dfrac{U}{R_1} + \dfrac{U}{R_2}$ nach kürzen von U ergibt sich:

$\dfrac{1}{R_G} = \dfrac{1}{R_1} + \dfrac{1}{R_2}$

Diese Gleichung lässt sich auch auf mehr als zwei Widerstände ausdehnen:

$$\frac{1}{R_G} = \frac{1}{R_1} + \frac{1}{R_2} + \frac{1}{R_3} + \ldots + \frac{1}{R_n}$$

Die Gleichung für zwei Widerstände lässt sich durch Erweiterung des Nenners auf $R_1 \cdot R_2$ auch noch umformen zu

$$\frac{1}{R_G} = \frac{R_2}{R_1 \cdot R_2} + \frac{R_1}{R_2 \cdot R_1}$$

und durch Bildung des Kehrwertes zu:

$$R_G = \frac{R_1 \cdot R_2}{R_1 + R_2}$$

Somit erhalten wir eine gut handhabbare **Formel für die Parallelschaltung von zwei Widerständen.** Diese Formel kann nicht so einfach auf drei Widerstände ausgedehnt werden. Bei Parallelschaltung von mehreren Widerständen muss entweder auf die weiter vorne dargestellte Formel zurückgegriffen werden, oder man wendet die Formel für die Parallelschaltung zweier Widerstände mehrfach nacheinander an.

Wir wollen nun noch ein einfaches Beispiel für die Parallelschaltung von zwei Widerständen ansehen. Wenn zwei gleiche Widerstände mit dem Wert R parallel geschaltet werden, so ergibt sich:

$$R_G = \frac{R \cdot R}{R + R} = \frac{R^2}{2R} = \frac{R}{2}$$

Bei der Parallelschaltung von zwei 10Ω- Widerständen ergäbe sich also ein Gesamtwiderstand von 5Ω.

Nun wollen wir unsere neuen Erkenntnisse nutzen für die Betrachtung der Eigenschaften von Widerständen. Stellen wir uns zunächst einmal einen Stab aus Widerstandsmaterial mit dem Widerstand R vor(Bild 11). Der Stab habe eine Querschnittsfläche A und eine Länge l. Oben und unten wollen wir diesen Stab mit unendlich gut leitenden Kontakten versehen.

G. Schmitz: Elektrotechnik für Ingenieurstudenten

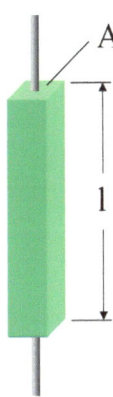

Bild 11: Stab aus Widerstandmaterial

Was passiert nun, wenn wir einen zweiten, gleichartigen Stab parallel schalten? Wir haben dann die doppelte Querschnittsfläche 2A. Aus der Formel für die Parallelschaltung wissen wir, dass sich der Gesamtwiderstand halbiert hat. Also ist der Widerstand offensichtlich umgekehrt proportional zur Fläche. Wir können also festhalten:

$$R \sim \frac{1}{A}$$

In einem weiteren Gedankenexperiment wollen wir nun die beiden Stäbe statt parallel in Reihe schalten. Dann ergibt sich anstelle der Verdopplung der Fläche nun eine Verdopplung der Länge. Aus der Formel für die Reihenschaltung wissen wir, dass der Gesamtwiderstand sich ebenfalls verdoppelt hat. Somit ist also klar, dass der Widerstand proportional zur Länge des Stabes ist. Wir halten fest:

$$R \sim l$$

Beide Beziehungen kombiniert führen uns zu:

$$R \sim \frac{l}{A} \quad \text{oder} \quad R = \text{const} \cdot \frac{l}{A}$$

Die Konstante hängt offensichtlich vom verwendeten Material ab. Wir nennen Sie **den spezifischen Widerstand ρ** *(specific resistance)*, der unsere Gleichung vervollständigt:

$$R = \rho \cdot \frac{l}{A} \quad \text{bzw.} \quad \rho = R \cdot \frac{A}{l}$$

Aus dieser Beziehung kann auch die Dimension von ρ ermittelt werden:

$$[\rho] = \Omega \cdot m^2 / m = \Omega \cdot m$$

Es ist aber durchaus auch üblich, die Einheit Meter nicht zu kürzen sondern zur Erleichterung im Umgang mit der Formel die Einheit in $\Omega mm^2/m$ anzugeben.

So wie es zum Widerstand als Kehrwert den Leitwert gibt, bezeichnet man den Kehrwert des spezifischen Widerstandes als (spezifische) **Leitfähigkeit** κ *(conductivity)*. Dann gilt:

$$\kappa = \frac{1}{\rho} \quad \text{und mit} \quad G = \frac{1}{R} \quad \text{gilt:} \quad G = \kappa \cdot \frac{A}{l}$$

Die Einheit von κ ergibt sich als Kehrwert der Einheit des spezifischen Widerstandes zu:

$[\kappa] = (\Omega m)^{-1} = S/m$

1.2.2 Temperaturverhalten von Widerständen

Stellen Sie sich vor, der „Widerstandsbehälter" aus dem eingangs dargestellten Wasserkreislaufbild sei mit Kügelchen gefüllt, die sich bei Erwärmung ausdehnen. Wie würde sich das Strom/Spannungsverhältnis ändern? Der (Wasser-)Stromfluss würde mit zunehmender Erwärmung immer stärker behindert, der Widerstand nimmt also zu. Genauso ist es auch bei den Widerstandsmaterialien, den elektrischen Leitern. Die Atome „zittern" stärker auf ihren Gitterplätzen, so dass es für die Elektronen schwieriger wird, durchzukommen. Bild 12 zeigt einen typischen Verlauf für den elektrischen Widerstand über der Temperatur. Der Widerstand steigt inetwa exponentiell mit der Temperatur.

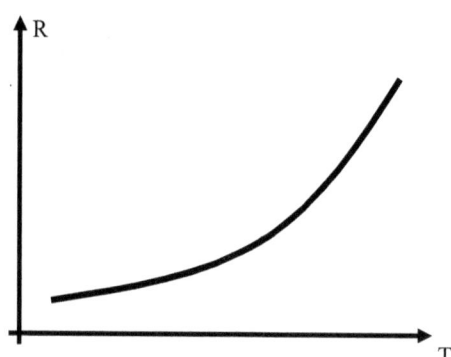

Bild 12: Temperaturverhalten elektrischer Leiter

Dieses annähernd exponentielle Verhalten lässt sich durch eine Polynomfunktion beschreiben (z.B. Taylorreihenentwicklung der e-Fkt):

$$R(T) = R_{20} \cdot (1 + \alpha \Delta T + \beta \Delta T^2 + ...) \quad \text{mit } \Delta T = T - 20°C$$

G. Schmitz: Elektrotechnik für Ingenieurstudenten

Dabei ist R(T) der Widerstand bei einer beliebigen Temperatur T, R_{20} der Widerstand bei Raumtemperatur (20°C), α ein linearer Temperaturkoeffizient (angegeben in K^{-1}) also pro Kelvin, β ein quadratischer Temperaturkoeffizient (angegeben in K^{-2}) usw. Für kleine Temperaturdifferenzen reicht meist die Verwendung des linearen Koeffizienten aus. Dies entspricht dann einer Linearisierung in einem gewissen Bereich. Auf jeden Fall muss dann angegeben werden, für welche Temperatur der Koeffizient gültig ist (also z.B. α_{20} für 20°C).

Wenn der Widerstand, wie bisher aufgezeigt, mit der Temperatur steigt, spricht man von einem positiven Temperaturkoeffizienten (PTC). Es gibt allerdings auch Bauelemente, deren Widerstand mit steigender Temperatur sinkt. Dann spricht man von einem negativen Temperaturkoeffizienten (NTC). Diese NTC- Widerstände sind meist aus Halbleitermaterial hergestellt, das aufgrund eines zu den elektrischen Leitern unterschiedlichen Mechanismus' bei der Elektronenleitung eben diesen umgekehrten Temperatureffekt aufweist.

1.2.3 Real ausgeführte Widerstände

Widerstände gibt es für die unterschiedlichsten Anwendungsfälle in den unterschiedlichsten Bauform en. Die wichtigsten sind im folgenden aufgeführt.

- Drahtwiderstände (kleine Widerstandswerte, große Leistungen, häufig aufgewickelt)

- Kohleschichtwiderstände (häufig für kleine Leistungen 1/8W bis 1/2W, zylinderförmig, axial bedrahtet, Wertebereich von <1Ω bis >>1MΩ, große Toleranzen)

- Metallfilmwiderstände (ähnlich Kohleschicht, jedoch genauer = kleinere Toleranzen)

- SMD- Widerstände (Widerstände ohne Bedrahtung zur Oberflächenmontage auf den Platinen, SMD = surface mounted device)

- Widerstandspasten (zum Aufdrucken im Siebdruckverfahren für Hybridtechnik)

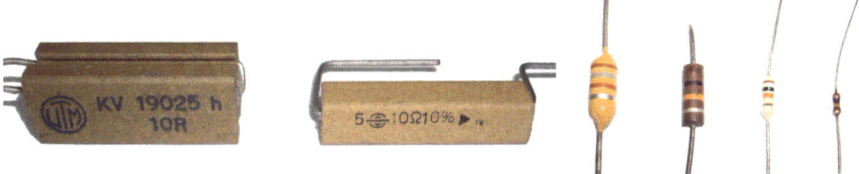

Bild 13 von links 10W Widerstand mit Möglichkeit zum Einführen einer zusätzlichen Kühlschiene, 5W Widerstand, rechts: Kohleschichtwiderstände2W, 1W, 0,25W, 1/16 W

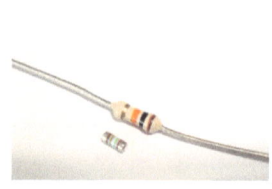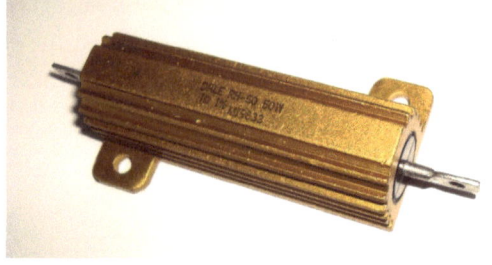

Bild 14: links: SMD-Widerstand neben 0,25W-Widerstand, rechts: Leistungswiderstände mit 50W Belastbarkeit

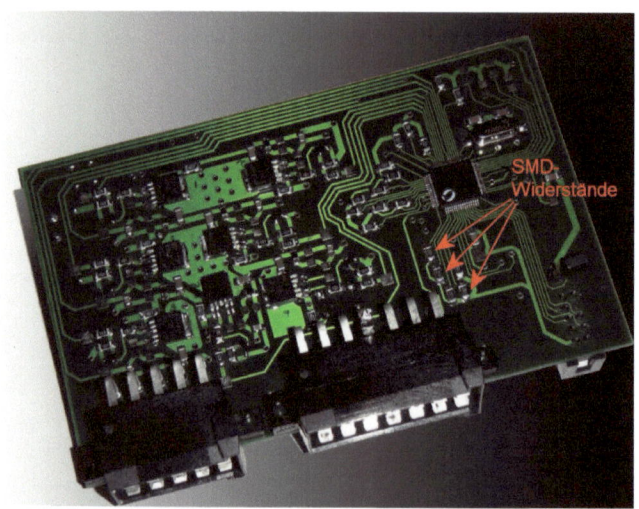

Bild 15: mit SMD- Bauteilen bestückte Platine

Bei bedrahteten Widerständen (Kohleschicht, Metallfilm) wird die Kennzeichnung des Widerstandswertes üblicherweise in Form von Farbringen vorgenommen. Dabei gilt folgende Zuordnung der Farben:

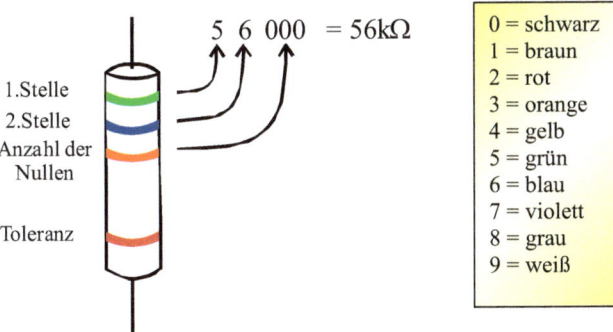

	0 = schwarz
	1 = braun
	2 = rot
	3 = orange
	4 = gelb
	5 = grün
	6 = blau
	7 = violett
	8 = grau
	9 = weiß

Bild 16: Farbcode von Widerständen, Beispiel links 56kΩ- Kohleschichtwiderstand mit 2% Toleranz

Kohleschichtwiderstände haben 4 Farbringe, wobei die ersten 3 den Wert und der letzte Ring die Toleranz angibt. Die Kodierung ist folgendermdassen festgelegt: der erste Ring entspricht der ersten Dezimalstelle, der zweite Ring der zweiten Dezimalstelle und der dritte Ring gibt die Anzahl der dann noch folgenden Nullen an. So bedeutet also eine Farbgebung grün-blau-orange 5-6-000 also einen Widerstand von 56000Ω also 56kΩ. Für Werte unterhalb von 1Ω stehen noch die Farbe Gold für den Faktor 0,1 und silber für den Faktor 0,01 zur Verfügung. Beim Toleranzring bedeutet silber 10% Toleranz, gold 5% und eine Farbe den (entsprecheden) Zahlenwert (also rot = 2%, braun 1%, grün 0,5%, blau 0,25%, violett 0,1%). Bei Metallfilmwiderständen kommt ein weiterer Farbring hinzu. Hierbei hat man drei Dezimalstellen und erst als vierten Ring die Anzahl der Dezimalstzellen. Als letzter Ring kommt dann wieder die Toleranzangabe. Ein Wert von 56kΩ würde dann als Metallfilm die Ringe grün-blau-schwarz-rot und den Toleranzring aufweisen. Wenn ein 6. Farbring vorhanden ist, so gibt dieser den Temperaturkoeffizienten an. Dabei bedeutet braun 100ppm (α=0,0001), rot 50ppm, gelb 25ppm und orange 15ppm.

Es ist übringens nicht jeder Widerstandswert standardmäßig verfügbar. Aufgrund der teilweise recht großen Toleranzen wäre ein zu fein gestaffeltes Angebot an Werten auch kaum sinnvoll. Bei den kohleschichtwiderständen hat sich die sogenannte E12- Reihe durchgesetzt. Dabei sind dann die Widerstandwerte in 12 verschiedene Werte pro Dekade aufgeteilt (inetwa jeweils mit dem gleichen Faktor zum vorigen Wert):

1Ω,   1,2Ω,   1,5Ω,   1,8Ω,   2,2Ω,   2,7Ω,   3,3Ω,   3,9Ω,   4,7Ω,   5,6Ω,   6,8Ω,   8,2Ω, 10Ω, 12Ω, 15Ω, usw.

Bei Metallfilmwiderständen findet man häufig auch die E24- Reihe, d.h. es wird noch jeweils ein Zwischenwert eingeschoben. Die E48 und E96 sind nicht so häufig zu finden.

Messwiderstände findet man teilweise auch mit Werten außerhalb dieser Reihe, beispielsweise mit exakt 5Ω.

Der Aufbau von Widerständen ist in den folgenden Bildern wiedergegeben:

Widerstand mit Wendelschliff

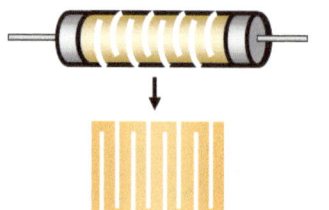

Widerstand mit Mäanderschliff

Abgewickelte Widerstandsbahn

Drahtwiderstand

Prinzip der induktivitätsarmen bifilaren Wicklung

Bild 17: Bauformen von Widerständen

In elektronischen Schaltplänen werden die Widerstände (einigermaßen) einheitlich dargestellt. Die wichtigsten Schaltsymbole für Widerstände sind in Bild 18 dargestellt.

Die Bezeichnungen an den Widerständen geben den Widerstandswert in Ohm an. Dabei wird aus Gründen der besseren Lesbarkeit das Ω-Zeichen anstelle des Komma eingeschoben. Bei glatten Werten wird häufig das Ω-zeichen weggelassen. Bei Widerstandswerten mit mehr als ein Kiloohm wird jeweils der Buchstabe „k" anstelle des Ω verwendet. Ein 5,6 kΩ- Widerstand trägt dann also die Bezeichnung „5k6". Widerstände, die von Hand verstellbar sind, werden mit einem Pfeilsymbol gekennzeichnet (Bild), Widerstände, die sich in Abhängigkeit äußerer Einflüsse ändern, werden durch einen Pfeil mit zwei Spitzen und Angabe der Einflussgröße (z.B. Temperatur) gekennzeichnet. Widerstände, die für Kalibrierungen vorgesehen sind und nur mittels Werkzeug (z.B. Schraubendreher) einstellbar sind, werden als Trimmer bezeichnet und werden mit einem „stumpfen" Pfeil (Bild) dargestellt. Bei manchen Herstellern ist es üblich, die Belastbarkeit der Widerstände in Form von Sondersymbolen (Punkt, Plus o.ä.) innerhalb des Widerstandes zu kennzeichnen. Diese Belastbarkeit gibt an, für welche maximale Verlustleistung die Widerstände ausgelegt sind.

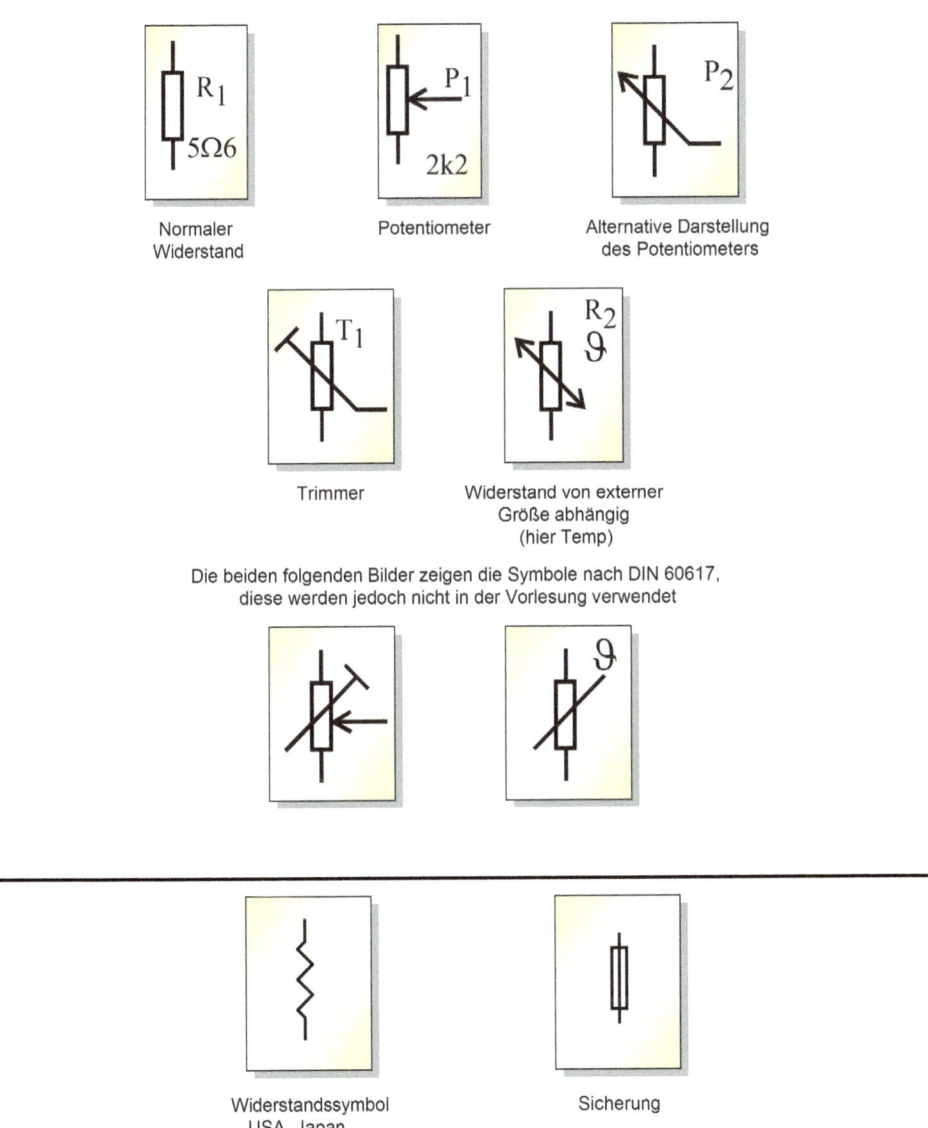

Bild 18: Schaltsymbole für Widerstände

1.2.4 Elektrische Leistung

Im vorigen Kapitel wurde die Belastbarkeit der Widerstände angesprochen. Dabei ist gemeint, welche Leistung die Widerstände maximal aufnehmen können, ohne Schaden zu nehmen. Der verwendete Begriff Watt stellt die Einheit der elektrischen Leistung dar. Sie berechnet sich als Produkt von Strom und Spannung und wird mit dem Buchstaben P gekennzeichnet. Also gilt:

$$P = U \cdot I$$

Dabei gilt für die Einheiten: $1\,\mathrm{W} = 1\,\mathrm{V} \cdot 1\,\mathrm{A}$

Als Regel kann man sich gut merken: je mehr Strom, desto mehr Power, je mehr Spannung, desto mehr Power.

Der Leistungsfluss geht von der Quelle aus zum Verbraucher. Wir unterscheiden das Verbraucherzählpfeilsystem und das Erzeugerzählpfeilsystem, das vor allem in der Energiewirtschaft eingesetzt wird. Bei allen unseren Betrachtungen wollen wir das Verbraucherzählpfeilsystem verwenden bei dem aufgenommene Leistungen positiv zählen. Bei gleicher Pfeilrichtung von Strom und Spannung ist die Leistung demnach positiv. In Bild 19 ist dies verdeutlicht.

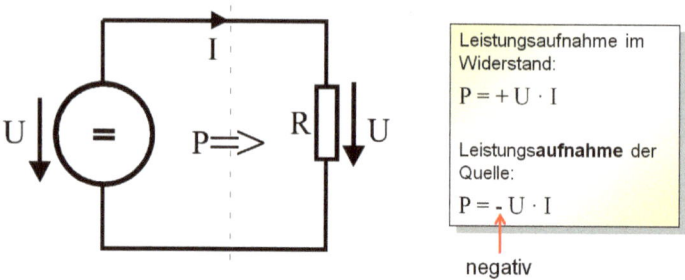

Bild 19: Leistung in Quelle und Widerstand

Rechenbeispiel hierzu:

Gegeben sei $U = 10\mathrm{V}$, $R = 5\Omega$, gesucht: Leistung P.

Wir rechnen $I = U/R = 2\mathrm{A}$, $P = U \cdot I = 20\mathrm{W}$.

Natürlich hätten wir auch die Formel für den Strom in diejenige für die Leistung einsetzen können. Dann hätten wir erhalten: $P = U \cdot I = U \cdot U/R = U^2/R$

Auch umgekehrt ist die Ersetzung möglich, wenn man für die Spannung $U = R \cdot I$ einsetzt:

$P = U \cdot I = R \cdot I \cdot I = R \cdot I^2$

Also kann die Leistung im Widerstand direkt aus Strom *oder* Spannung berechnet werden, wenn der Widerstand bekannt ist.

$$P = \frac{U^2}{R} \quad , \quad P = R \cdot I^2$$

1.2.5 Elektrische Arbeit, Energiemenge

Wir wissen aus der Physik, dass Leistung Arbeit pro Zeit ist, also $P = W/t$. Demgemäß muss sich die elektrische Arbeit ergeben zu

$$W = P \cdot t$$

Als Einheit ergibt sich Ws. 1 Ws wird auch als 1Joule bezeichnet. In der Elektrotechnik wird jedoch häufiger Ws als Einheit belassen.

$$1\,Ws = 1\,J$$

Bei größeren Energiemengen wird als Einheit die Kilowattstunde verwendet. Es gilt:

$$1\ kWh = 3.600.000Ws$$

1.3 Reale Spannungs- und Stromquellen

1.3.1 Ideale/Reale Spannungsquellen

Bisher haben wir Spannungsquellen in der Art betrachtet, dass sie unabhängig von ihrer Belastung durch externe Widerstände immer noch eine konstante Spannung liefern. Wir werden nun untersuchen, ob dies realistisch ist. Zunächst wollen wir uns die Frage stellen, welche Leistung eine Spannungsquelle überhaupt abgeben kann. Wir untersuchen dazu einen einfachen Stromkreis bestehend aus einer Spannungsquelle und einem Widerstand (Bild 20).

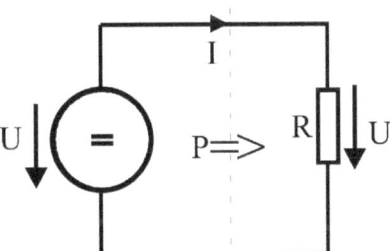

Bild 20: Leistungsbetrachtung an einer Spannungsquelle

Wir wollen uns nun fragen, bei welchem Wert des Belastungswiderstandes R die Leistung P maximal wird. Da P = U · I gilt muss die Leistung maximal werden bei maximalem Strom, da ja die Spannung an der Spannungsquelle konstant bleibt.

Weiterhin gilt: I = U/R. Der Strom wird demnach maximal, wenn der Widerstand bei konstanter Spannung minimal wird. Minimal bedeutet, der Wert des Widerstandes geht gegen Null. Damit geht der Strom gegen unendlich und ebenso die Leistung.

Nun kann aber keine reale Quelle unendlich viel Leistung abgeben. Somit handelt es sich also bei unseren bisher betrachteten Spannungsquellen um **ideale Spannungsquellen**.

Um zu einem Modell (Ersatzschaltbild) für eine reale Spannungsquelle zu gelangen, brauchen wir lediglich einen Widerstand in Reihe zu der idealen Spannungsquelle zu legen und der Spannungsquelle zuordnen (Bild 21). Somit erhält die **reale Spannungsquelle** einen von Null verschiedenen **Innenwiderstand**.

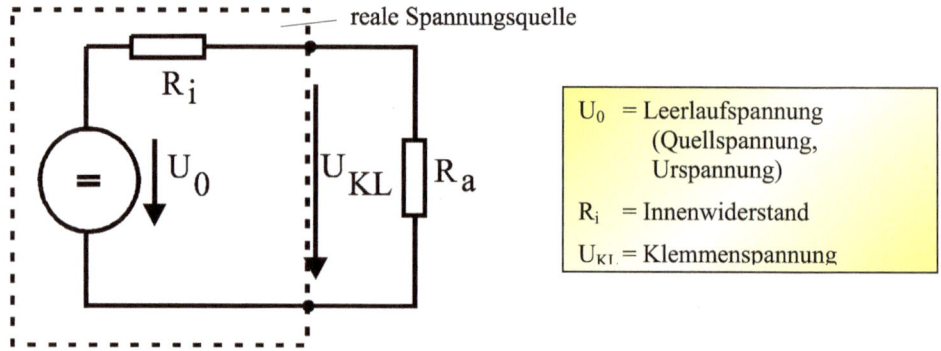

U_0 = Leerlaufspannung (Quellspannung, Urspannung)

R_i = Innenwiderstand

U_{KL} = Klemmenspannung

Bild 21: Modell der realen Spannungsquelle

Somit erhalten wir an den Klemmen der Spannungsquelle (z.B. einer Batterie) eine Klemmenspannung U_{KL}, deren Wert nicht mehr konstant ist sondern vielmehr von der externen Last R_a und dem sich einstellenden Strom abhängt.

Wie groß ist nun die sich ergebende Klemmenspannung in Abhängigkeit des Stromes $U_{KL} = f(I)$?

Ein Maschenumlauf (Bild 22) ergibt:

$$U_{KL} - U_0 + U_{Ri} = 0 \quad \text{also} \quad U_{KL} = U_0 - U_{Ri} = U_0 - R_i \cdot I$$

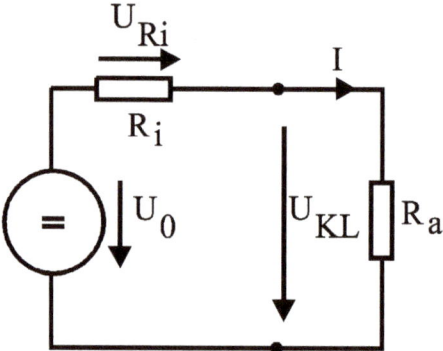

Bild 22: Maschenumlauf an belasteter realer Spannungsquelle

Die Klemmspannung U_{KL} wird zu Null bei Kurzschluss der Klemmen ($R_a = 0$). Dann ergibt sich als Gleichung:

G. Schmitz: Elektrotechnik für Ingenieurstudenten   © Copyright 2013

$$U_{KL} = 0 = U_0 - R_i \cdot I \quad \text{also} \quad U_0 = R_i \cdot I \quad \text{oder} \quad I = \frac{U_0}{R_i}$$

Da es sich um den Kurzschlussfall handelt nennen wir den sich einstellenden Strom den Kurzschlussstrom I_K:

$$I_K = \frac{U_0}{R_i}$$

Somit haben wir schon einen Punkt der Funktion $U_{KL} = f(I)$ berechnet. Als zweiten Punkt nehmen wir den Fall $I = 0$, also bei Wegfall der externen Last ($R_a \rightarrow \infty$):

$I = 0$, also auch kein Spannungsabfall an R_i, also $U_{Ri} = 0$ und somit $U_{KL} = U_0 - U_{Ri} = U_0 - 0 = U_0$

Der Zusammenhang zwischen U_{KL} und I ist durch eine lineare Funktion gegeben, somit reichen uns die beiden gefundenen Punkte aus, um die komplette Gerade zu zeichnen:

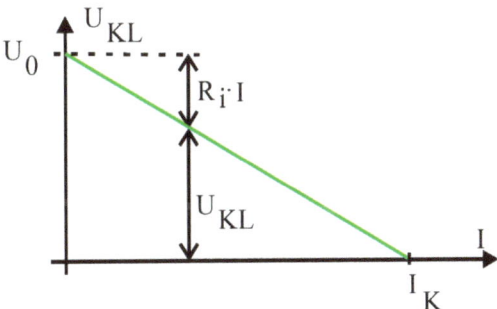

Bild 23: Verlauf der Klemmenspannung U_{KL} in Abhängigkeit des Stromes I

1.3.2 Leistungsanpassung und Wirkungsgrad

Ursprünglich war die Frage: Wie ist die maximale Leistung? Nun kennen wir die Charakteristik einer realen Spannungsquelle und können die maximal abnehmbare Leistung einer realen Spannungsquelle bestimmen. Das Produkt aus Strom und Spannung, also die Leistung muss Null sein, wenn entweder die Spannung zu Null wird (im Kurzschlussfall) oder der Strom zu Null wird (im Leerlauffall). Dazwischen ergibt sich ein quadratischer Verlauf (wg. $U_{KL} = U_0 - R_i \cdot I$ ergibt sich mit

$P = U_{KL} \cdot I$ die Gleichung $P = (U_0 - R_i \cdot I) \cdot I = U_0 \cdot I - R_i \cdot I^2$).

Die entsprechende Kurve ist in Bild 24 dargestellt.

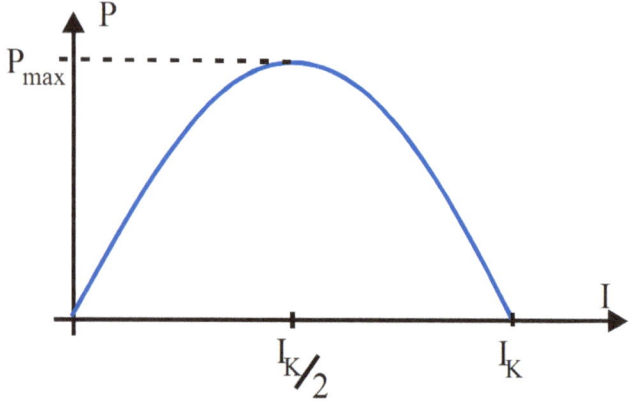

Bild 24: Leistungsabgabe einer realen Spannungsquelle

Man erkennt schon ohne mathematische Maximumbestimmung, dass die maximale Leistung bei einem Strom von $I_K/2$ auftritt. An der Stelle $I_K/2$ haben wir auch gerade die halbe Leerlaufspannung als Klemmenspannung (siehe Bild 23). Somit ergibt sich für die maximal abgebbare Leistung:

$$P_{max} = \frac{U_0}{2} \cdot \frac{I_K}{2} = \frac{U_0 \cdot I_K}{4} = \frac{U_0^2}{4R_i} \quad \text{(wg. } I_K = U_0/R_i \text{ gemäß Seite 27)}$$

Dies ist die maximal aus der Quelle entnehmbare Leistung. Wir wollen nun den hierfür erforderlichen Belastungswiderstand R_a ausrechnen. An diesem Widerstand gilt natürlich:

$$R_a = \frac{U_{KL}}{I} = \frac{U_0/2}{I_K/2} = \frac{U_0}{I_K} = R_i \quad \text{(wiederum wg. } I_K = U_0/R_i \text{ gemäß Seite 27)}$$

also gilt $\boxed{R_a = R_i}$ bei **Leistungsanpassung**

Es stellt sich allerdings die Frage, ob dieser Betrieb auch den maximalen Wirkungsgrad realisiert. Da durch die Widerstände R_a und R_i der selbe Strom fließt, lässt sich leicht einsehen, dass die in Wärme umgesetzten Leistungen in der Quelle und im Verbraucher bei gleichen Widerstandswerten gleich groß sind. Wenn in der Quelle aber genau soviel verlorengeht wie im Verbraucher ankommt, beträgt der Wirkungsgrad nur 50%!

Allgemein gilt für den Wirkungsgrad:

$$\eta = \frac{P_a}{P_G} = \frac{P_a}{P_a + P_i}$$

wobei P_a für die abgegebene bzw. nutzbare Leistung und P_G für die Gesamtleistung steht.

In dem Fall der realen Spannungsquelle ergibt sich demnach:

G. Schmitz: Elektrotechnik für Ingenieurstudenten

$$\eta = \frac{P_a}{P_G} = \frac{P_a}{P_a + P_i} = \frac{I^2 \cdot R_a}{I^2 \cdot R_a + I^2 \cdot R_i} = \frac{R_a}{R_a + R_i}$$

An dieser Formel erkennen wir, dass der Wirkungsgrad umso größer ist, je größer R_a im Vergleich zu R_i ist. Für einen guten Wirkungsgrad sollte der Innenwiderstand der Quelle also möglichst niedrig sein. Dies ist mit Sicherheit der Fall, wenn wir einen Verbraucher, z:B: eine Lampe, an das 230V Wechselstromnetz anschließen.

Wollen wir jedoch die maximal verfügbare Leistung erhalten (z.B. aus Solarzellen oder einer Empfangsantenne) sollten wir versuchen eine Leistungsanpassung (also $R_a = R_i$) zu realisieren.

Bei Batterien ist ein Betrieb mit Leistungsanpassung natürlich sehr ungünstig, was die Energienutzung anbelangt (Wirkungsgrad!). Außerdem möchte man die Batterie ja ungefähr bei ihrer Nennspannung benutzen und nicht etwa bei der Hälfte der Nennspannung.

Der Spannungsverlauf einer 9V Batterie ist im folgenden Bild dargestellt:

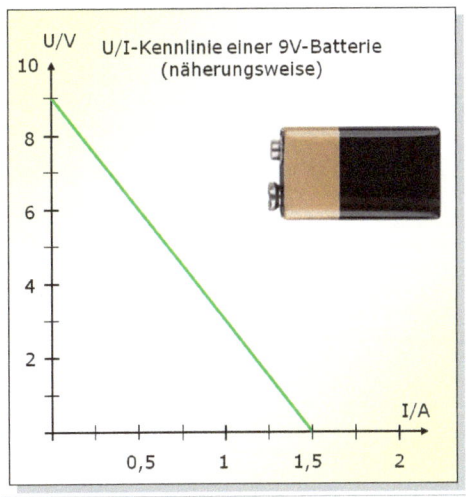

1.3.3 Spannungsteiler, belastet, unbelastet

In bestimmten Fällen ist es erforderlich, die zur Verfügung stehende Spannung zu reduzieren. Man denke beispielsweise an Messaufgaben, wenn ein Sensor ein Signal liefert, das einen Spannungsbereich bis zu 10V abdeckt, uns jedoch ein Messgerät zur Verfügung steht, das einen Eingangsspannungsbereich von 0 – 1V hat. In solchen Fällen können wir einen Spannungsteiler einsetzen, der aus zwei Widerständen besteht (siehe Bild 25).

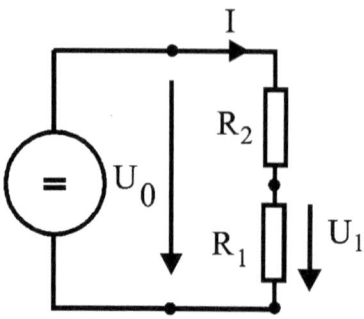

Bild 25: einfacher Spannungsteiler

Der Einfachheit halber nehmen wir nun wiederum eine ideale Spannungsquelle an. (Bei einer realen Spannungsquelle müsste man den Innenwiderstand zusätzlich berücksichtigen, was in den folgenden Gleichungen durch entsprechende Erhöhung des Widerstandes R_2 erfolgen kann).

Wie groß ist hier die Ausgangsspannung U_1?

Ein Maschenumlauf ergibt:

$$U_0 = U_2 + U_1 = I \cdot R_2 + I \cdot R_1 = I \cdot (R_2 + R_1)$$
$$\Rightarrow I = \frac{U_0}{R_1 + R_2}$$

Der Spannungsabfall am Widerstand R_1 berechnet sich zu:

$$U_1 = I \cdot R_1 = \frac{U_0}{R_1 + R_2} \cdot R_1$$

also gilt:

$$U_1 = \frac{R_1}{R_1 + R_2} \cdot U_0 \qquad \text{Spannungsteilerregel}$$

oder anders geschrieben:
$$\frac{U_1}{U_0} = \frac{R_1}{R_1 + R_2}$$

Die Teilspannung verhält sich zur Gesamtspannung wie der Teilwiderstand zum Gesamtwiderstand.

Das Potentiometer

Wir können einen variablen Spannungsteiler (Potentiometer) aufbauen indem wir auf einer Bahn aus Widerstandsmaterial einen Schleifer vorsehen, der mechanisch verschoben werden kann. Somit kommen wir zu einer Anordnung wie in Bild 26 dargestellt.

G. Schmitz: Elektrotechnik für Ingenieurstudenten

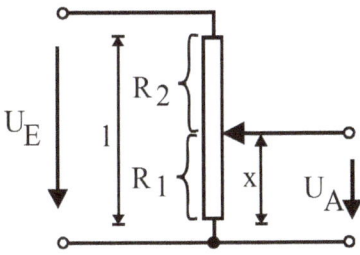

Bild 26: Prinzip eines Potentiometers

Der Zusammenhang zwischen Ausgangsspannung U_A und Eingangsspannung U_E kann zum einen wiederum durch die Widerstände wie beim Spannungsteiler ausgedrückt werden, zum anderen können aber auch (bei homogenem Widerstandsbelag) die mechanischen Verhältnisse in die Beziehung aufgenommen werden.

$$\frac{U_A}{U_E} = \frac{R_1}{R_1 + R_2} = \frac{x}{1} \Rightarrow U_A = \frac{x}{1} \cdot U_E$$

Belasteter Spannungsteiler

Wird nun an die Ausgangsklemmen ein Lastwiderstand R_L angeschlossen, so wirkt dieser parallel zu R_1 und bewirkt einen reduzierten Teilwiderstand. Hierdurch sinkt die Spannung gegenüber dem unbelasteten Fall. Die Auswirkungen auf den Zusammenhang zwischen Eingangs- und Ausgangsspannung in Abhängigkeit der Potentiometerverstellung x ist in Bild 28 erkennbar.

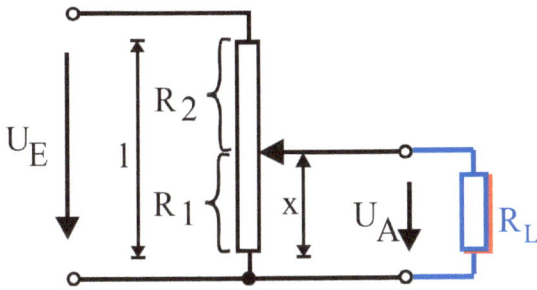

Bild 27: Belasteter Spannungsteiler

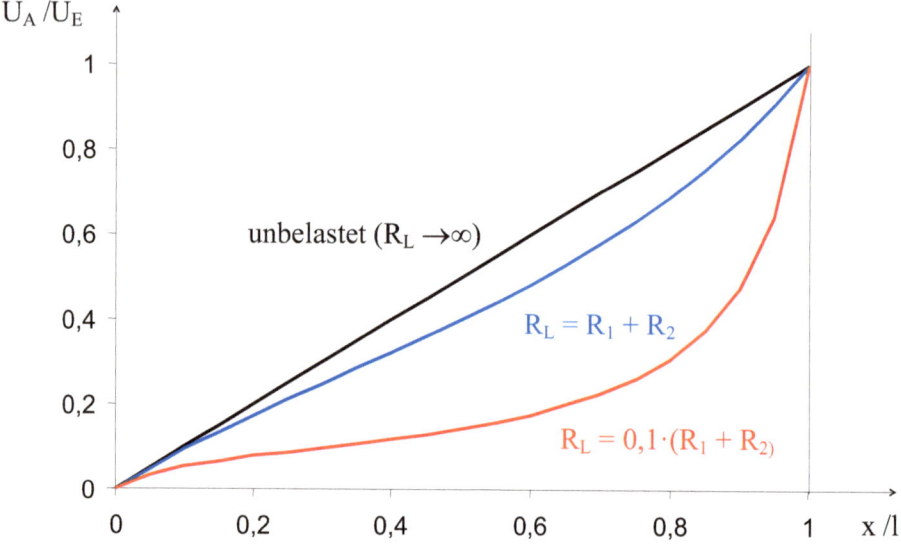

Bild 28: Belasteter Spannungsteiler: Ausgangsspannung in Abhängigkeit des Verstellweges x
für unterschiedliche Belastungswiderstände

Die meisten Potentiometer sind allerdings nicht als Schieberegler aufgebaut sondern mit einem als Dreiviertelkreis ausgebildeten Widerstandsbelag und einem drehbaren Schleifer. Die Formel für die Ausgangsspannung muss dann entsprechend modifiziert werden:

$$U_A = \frac{\alpha}{270°} \cdot U_E$$

Neben der Ausführung mit einem gleichmäßigen Widerstandsbelag gibt es auch Ausführungen, die einen logarithmischen Zusammenhang zwischen Drehwinkel und Spannungsverhältnis aufweisen. Derartige Potentiometer werden beispielsweise als Lautstärkeregler eingesetzt, da das menschliche Ohr ein logarithmisches Lautstärkeempfinden aufweist. Man unterscheidet im Übrigen zwischen positiv und negativ logarithmischen Potentiometern, je nachdem, ob der empfindlichere Bereich am linken oder am rechten Anschlag liegt. Diese unterschiedlichen Ausführungen werden durch ein Plus- bzw. Minuszeichen bei dem Widerstandswert gekennzeichnet.

Bei Potentiometern gibt es standardmäßig nur 3 Werte pro Dekade (E3-Reihe):

10, 22 oder 25, 47 oder 50.

Bild 29: Beispiel für Einbau-Potentiometer: links: Achse zu Aufsetzen des Drehknopfes, rechts: Anschlüsse mit Schleifkontaktanschluss in der Mitte. Oben: Anschluss an Gehäuse für Abschirmung

Bild 30: Beispiele für Trimm-Potentiometer: links: Trimmer zum Einstellen per Schraubenzieher (270° Verstellbereich), rechts: 20-Gang Spindeltrimmer, 20 Umdrehungen sind zum Abdecken des gesamten Verstellbereiches nötig, so ist eine präzise Einstellung möglich

1.3.4 Ersatzspannungsquellen

Manchmal steht man vor dem Problem, dass eine Spannungsversorgung aus mehreren Komponenten besteht. Eine solche „komplizierte" Quelle kann man aber oft durch eine einfache Schaltung ersetzen, die sogenannte **Ersatzspannungsquelle**. Dabei geht man von der Überlegung aus, dass alle linearen Netze sich bezüglich zweier Anschlüsse durch eine lineare Gleichung beschreiben lassen (Netze gelten als „linear", wenn sich die Eigenschaften der Bauteile nicht mit der Höhe des Stromes/der Spannung ändern).

In Bild 31 ist beispielhaft eine „komplizierte" Quelle mit dem dazugehörigen Zusammenhang zwischen Klemmspannung U_{KL} und dem Strom dargestellt. Wie bereits erwähnt, ergibt sich ein linearer Zusammenhang zwischen Strom und Spannung.

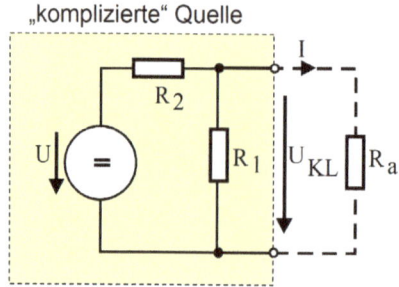
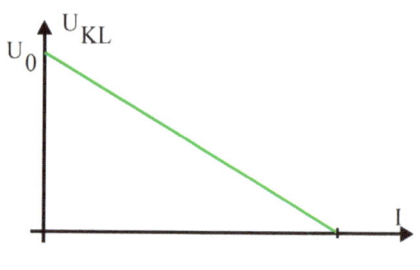

Bild 31: Beispiel für eine „komplizierte" Quelle, die durch eine Ersatzschaltung nachgebildet werden soll mit Klemmspannungsverlauf über dem Strom

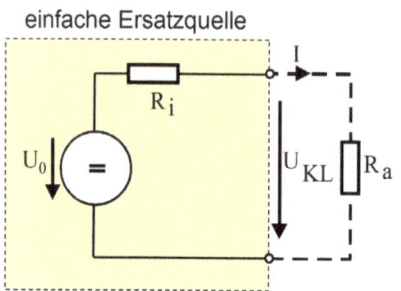
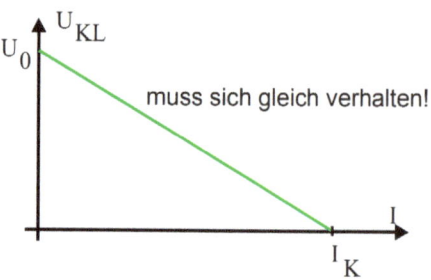

Bild 32: Ersatzschaltbild für obige „komplizierte" Quelle

In Bild 32 ist das Schaltbild einer „Ersatzspannungsquelle dargestellt, deren Elemente so bestimmt werden sollen, dass die Ersatzquelle das gleiche Verhalten aufweist wie die „komplizierte Quelle". Dazu muss der Verlauf der Klemmspannung über dem entnommenen Strom dem Diagramm in Bild 31 entsprechen. Der formelmäßige Zusammenhang ergibt sich aus der Maschengleichung zu:

$$U_{KL} = U_0 - R_i \cdot I$$

Zur Bestimmung der Achsenschnittpunkte werden zwei Belastungsfälle betrachtet: Zum einen leerlaufende Klemmen - hierbei ergibt sich kein Stromfluss - und kurzgeschlossenen Klemmen - dabei wird ein Kurzschlussstrom fließen und die Klemmenspannung wird zu Null. Für den Fall, dass kein Strom fließt, ergibt sich die Klemmenspannung zu:

$$I = 0 \Rightarrow U_{KL} = U_0 - R_i \cdot 0 = U_0$$

Für den Kurzschlussfall ergibt sich:

$$U_{KL} = 0 \Rightarrow U_{KL} = 0 = U_0 - R_i \cdot I_K \Rightarrow I_K = \frac{U_0}{R_i}$$

G. Schmitz: Elektrotechnik für Ingenieurstudenten

Oder bei bekannten Werten für den Kurzschlussstrom und die Klemmenspannung bei Leerlauf lässt sich demnach der Wert von R_i bestimmen:

$$R_i = \frac{U_0}{I_K}$$

Da der Strom/Spannungsverlauf für die „komplizierte" Quelle und die Ersatzquelle gleich sein müssen, braucht man also nur die Werte für den Leerlauf- und den Kurzschlussfall bei der komplizierten Quelle zu ermitteln und kann dann die Komponenten der Ersatzquelle bestimmen!

Zusammengefasst hier die Vorgehensweise:

a) Ermitteln der Klemmenspannung der Original- Quelle für den unbelasteten Fall $U_{KL}(I=0)$. Diese Spannung muss gleich U_0 der Ersatzspannungsquelle sein.

b) Ermitteln des Kurzschlussstromes I_K der Original- Quelle.

c) Bestimmung des Innenwiderstandes der Ersatzquelle aus U_0 und I_K: $R_i = \dfrac{U_0}{I_K}$

Für das **Beispiel** aus Bild 31 ergibt sich:

a) gemäß der Formel für den unbelasteten Spannungteiler ergibt sich:

$$U_{KL} = \frac{R_1}{R_1 + R_2} U \overset{!}{=} U_0$$

b) für den Kurzschlusstrom ergibt sich, da nur noch R_2 wirksam ist: $I_K = \dfrac{U}{R_2}$

c) somit lässt sich der Innenwiderstand also bestimmen zu:

$$R_i = \frac{U_0}{I_K} = \frac{\dfrac{R_1}{R_1 + R_2} \cdot U}{\dfrac{U}{R_2}} = \frac{R_1 \cdot R_2}{R_1 + R_2}$$

Der Innenwiderstand der Ersatzquelle entspricht also in diesem Fall der Parallelschaltung der Widerstände. Tatsächlich kann man auch den Innenwiderstand bestimmen, indem man von den Klemmen her „in die Schaltung hineinschaut" und alle idealen Spannungsquellen durch einen Kurzschluss (0Ω) und alle idealen Stromquellen (siehe unter „Stromquellen") durch einen Leerlauf (offene Klemmen) ersetzt. Dies ist möglich aufgrund des Helmholtzschen Überlagerungssatzes.

Merke: Ideale Spannungsquellen können für die Betrachtung des (Innen-) Widerstandes durch einen Kurzschluss ersetzt werden. Ideale Stromquellen können für die Betrachtung des (Innen-) Widerstandes durch einen Leerlauf (offene Klemmen) ersetzt werden.

Diese Methode führt oft schneller zum Ziel. **Man sollte sie allerdings nur benutzen, wenn man sie auch beherrscht!!!**

1.3.5 Ideale und reale Stromquelle

Analog zum Modell der idealen Spannungsquelle gibt es auch das Modell einer idealen Stromquelle. Dieses Modell ist nicht besonders anschaulich, da es praktischen Erfahrungen eher widerspricht als das Modell einer idealen Spannungsquelle: bei einer idealen Stromquelle fließt unabhängig von der äußeren Belastung immer der Nennstrom. Sehen wir uns hierzu Bild 33 an. Stellen wir uns nun vor, dass der äußere Belastungswiderstand R_a sehr groß wird, also gegen unendlich strebt. Dann würde die Spannung an diesem Widerstand gemäß der Formel $U_{Kl} = R_a \cdot I_0$ ebenfalls gegen unendlich gehen, was unserer praktischen Erfahrung nach unmöglich ist. Genauso würde die abgegebene Leistung $P = U_{Kl} \cdot I_0$ gegen unendlich gehen, was physikalisch unmöglich ist.

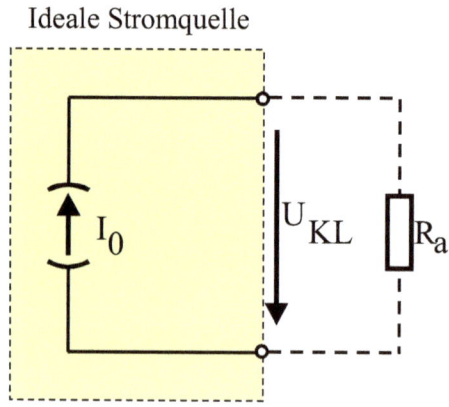

Bild 33: Ideale Stromquelle mit Verbraucherwiderstand R_a

Um nun aus der idealen Stromquelle ein Modell mit einem (zumindest nach außen) realistischen Verhalten zu machen, fügen wir genau wie bei dem Modell für die reale Spannungsquelle (siehe Kapitel 1.3.1, Seite 25) einen Innenwiderstand R_i ein. Allerdings würde eine Reihenschaltung des Widerstandes das Verhalten an den Klemmen nicht ändern; die Spannung würde im unbelasteten Fall ebenfalls gegen unendlich streben. Vielmehr muss der Innenwiderstand parallel zur im Modell enthaltenen idealen Stromquelle geschaltet werden (siehe Bild 34).

Reale Stromquelle

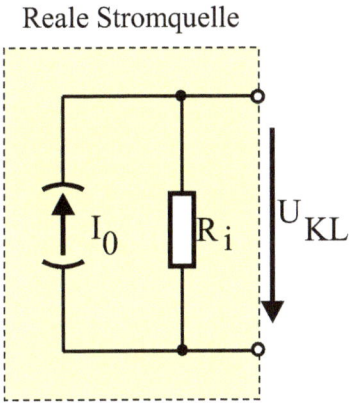

Bild 34: Reale Stromquelle

Nun erhalten wir ein realistisches Verhalten: Im Leerlauffall (keine äußere Beschaltung) ergibt sich die Ausgangsspannung zu $U_{Kl} = U_0 = I_0 \cdot R_i$.

Das Verhalten einer realen Stromquelle ist praktisch gleich mit dem einer realen Spannungsquelle: Im Leerlauffall ergibt sich eine Spannung von $U_0 = I_0 \cdot R_i$ und im Kurzschlussfall ergibt sich ein Klemmenstrom von $I_K = I_0$, da ja keine Spannung mehr am Innenwiderstand anliegt, somit der Stromfluss durch R_i zu Null wird und der gesamte Strom durch den äußeren Kurzschluss fließt. Hieraus kann eine einfache Konvertierung des Modells einer realen(!) Stromquellen in das Modell einer realen(!) Spannungsquelle geschlussfolgert werden (siehe Bild 35).

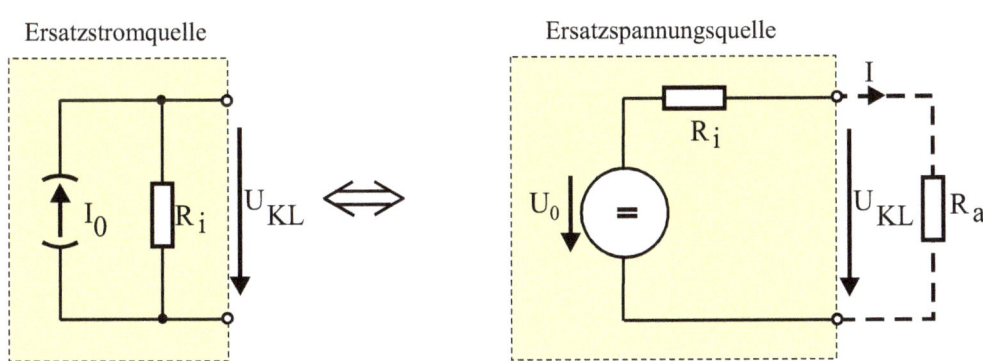

Bild 35: Äquivalenz von realer Stromquelle und realer Spannungsquelle

Die Innenwiderstände beider Modelle sind identisch; für die Umrechnung zwischen Leerlaufspannung und Nennstrom gilt:

$$U_0 = R_i \cdot I_0$$

Achtung: Dies gilt naturgemäß nur für reale Quellen. Ideale Quellen können nicht konvertiert werden!

Hierzu sagte auch schon der Physiker **Herrmann von Helmholtz** (31.8.1821 - 08.09.1894):

Aktive speicherfreie Zweipolquellen mit linearen Bauelementen lassen sich entweder durch eine Ersatzspannungsquelle (U_0, R_i) oder durch eine Ersatzstromquelle (I_0, R_i) darstellen.

Linear bedeutet hierbei, dass sich das Verhalten der einzelnen Bauelemente nicht in Abhängigkeit von der Größe des Stromes bzw. der Spannung ändert.

Bei idealen Quellen kann der Innenwiderstand von Stromquellen als unendlich groß und bei Spannungsquellen als Null angesehen werden! Daraus ergibt sich dann auch, dass trotz der Quasi-Äquivalenz von realen Strom- und Spannungsquellen bei Vorliegen eines relativ kleinen Innenwiderstandes sinnvollerweise das Modell „Spannungsquelle" und bei Vorliegen eines großen Innenwiderstandes das Modell einer realen Stromquelle verwendet wird.

Die Tatsache des kleinen Innenwiderstandes bei Spannungsquellen und des großen Innenwiderstandes bei Stromquellen kommt auch bei dem „normgerechten" Symbol für die beiden Quellen nach DIN 60617 (IEC617) zum Ausdruck (siehe Bild 36 und Bild 37): Bei dem Symbol für die Spannungsquelle (DIN-Symbol 02-16-02) führt die Leitung durch die Quelle hindurch (also ‚kein' Innenwiderstand) und beim Symbol für die Stromquelle (DIN-Symbol 02-16-01) ist der Leitungspfad quasi gesperrt (also ‚unendlich großer' Innenwiderstand).

Spannungsquellensymbole

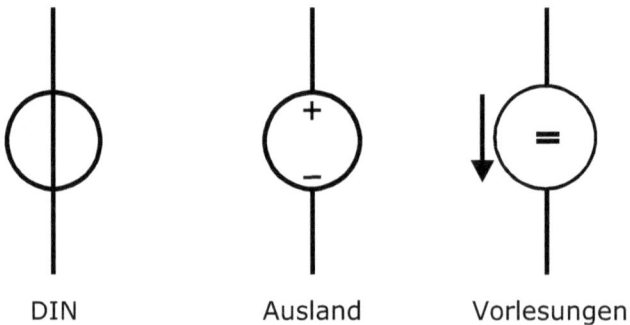

DIN	Ausland	Vorlesungen

Bild 36: unterschiedliche Symbole für Spannungsquellen

In der Vorlesung werden die Normsymbole nicht verwendet, da man in der Praxis meistens noch die vorher eingeführten Symbole findet.

Ein weiteres – häufig in der Elektronik verwendetes – Symbol für eine Stromquelle ist ganz rechts im Bild dargestellt.

　　G. Schmitz: Elektrotechnik für Ingenieurstudenten

Stromquellensymbole

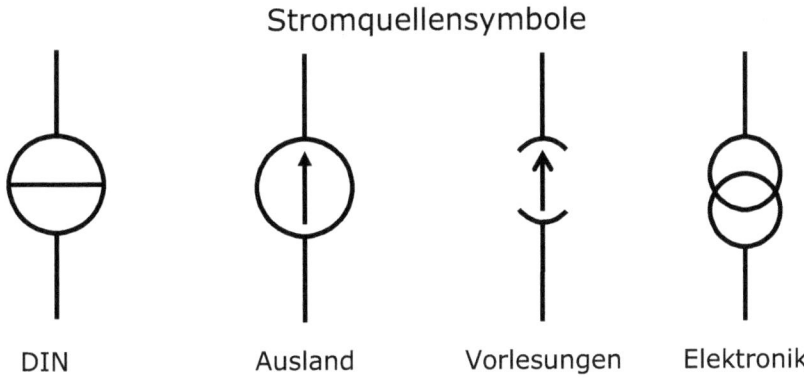

| DIN | Ausland | Vorlesungen | Elektronik |

Bild 37: unterschiedliche Symbole für Stromquellen

Generell ist anzumerken, dass Stromquellen in der „freien Wildbahn" praktisch nicht anzutreffen sind, aber in der elektronischen Schaltungstechnik häufig Verwendung finden. In der Elektronik- Vorlesung wird dann auch gezeigt, wie derartige Stromquellen mit Hilfe von Halbleiterschaltungen realisiert werden können.

1.3.6 Überlagerungssatz (Helmholtz- Satz)

Unser neues Wissen über die Eigenschaften von (idealen) Strom- und Spannungsquellen ermöglicht nun auch die Einführung des **Helmholtz**- Satzes (Überlagerungssatz):

> Enthält ein Netzwerk linearer Bauelemente mehrere Spannungs- bzw. Stromquellen, so bewirken die Kirchhoff- Gleichungen, dass der Gesamtstrom in einem beliebigen Zweig des Netzwerkes sich additiv aus den Strömen ergibt, die die einzelnen Quellen verursachen.

Dieser Satz gilt gleichermaßen auch für Spannungen

Für die praktische Anwendung wird für jede einzelne Quelle der jeweilige Strom bzw. die Spannung an der interessierenden Stelle berechnet während die anderen Quellen „entfernt" werden, und die Einzelergebnisse werden aufsummiert. Quellen „entfernen" bedeutet hierbei, dass ideale Spannungsquellen durch leitende Verbindungen und ideale Stromquellen durch „aufgetrennte Leitungen" ersetzt werden, also einfach entfallen.

1.4   Messung elektrischer Größen

Die Messung von Strom und Spannung in einer elektrischen Schaltung erfolgt mit Hilfe eines Amperemeters (A) bzw. Voltmeters (V). Dabei sind die Messgeräte entsprechend Bild 38 in die Schaltung einzufügen: das Amperemeter muss in Reihe geschaltet werden (analog zu einem Durchflussmessgerät in einem Wasserkreislauf) und das Voltmeter muss parallel zu der Komponente geschaltet werden, dessen Spannung (Spannungsbeaufschlagung) gemessen werden soll. (Die Spannungsmessung erfolgt also so wie im Wasserkreislauf die Bestimmung der Druckdifferenz.)

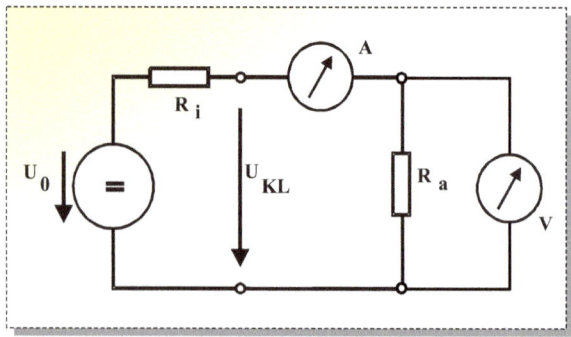

Bild 38: Anordnung elektrischer Messgeräte in einer Schaltung

Damit die Messgeräte die Schaltung möglichst wenig beeinflussen, sollte der Innenwiderstand des Amperemeters möglichst klein (gegen Null) und der des Voltmeters möglichst groß sein (gegen unendlich).

Im nächsten Kapitel werden wir sehen, wie derartige Messgeräte aufgebaut sind (am Beispiel analoger Messinstrumente).

1.4.1 Aufbau von Messgeräten (Analoge Messwerke)

Drehspulmesswerk

Der Aufbau eines Drehspulmesswerkes ist in Bild 39 wiedergegeben.

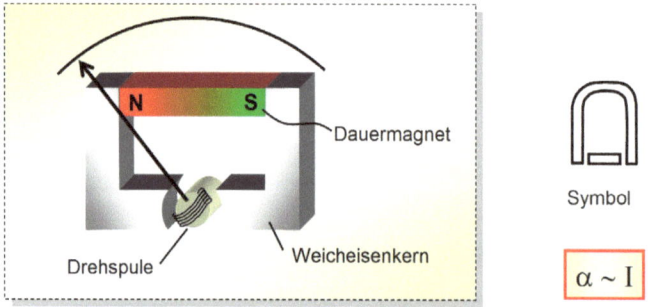

Bild 39: Prinzip eines Drehspulmesswerkes und zugehöriges Symbol

Eine Spule ist in dem Magnetfeld eines Permanentmagneten drehbar gelagert. Eine Rückstellfeder sorgt dafür, dass im stromlosen Fall der an der Spule befestigte Zeiger am linken Skalenende steht. Wird die Spule bestromt, so stellt sich ein zum Strom proportionales Moment ein, wodurch die Spule gedreht wird. Die Rückstellfeder bringt nun ein Gegenmoment auf, das dem Drehwinkel proportional ist. Die Spule kommt somit bei Gleichheit der Momente (Summe der Momente ist Null) zur Ruhe in einer Position, die der Höhe des Stromes entspricht. Auf einer Skala kann dann am Zeiger die Stromhöhe abgelesen werden. Der Ausschlag folgt dem Strom also aufgrund der dargestellten Zusammenhänge linear $(\alpha \sim I)$. Bei Umkehr der Stromrichtung erfolgt ein Ausschlag in die 'falsche' Richtung.

Dreheisenmesswerk

Der Aufbau eines Dreheisenmesswerkes ist in Bild 40 wiedergegeben. Im Unterschied zu dem Drehspulmesswerk ist kein Permanentmagnet vorhanden. Hierdurch ergibt sich ein Zeigerausschlag unabhängig von der Stromrichtung. Der Ausschlag hängt etwa quadratisch von der Stromhöhe ab $(\alpha \sim I^2)$, falls nicht durch Formgebung des magnetisierbaren Materials eine Linearisierung vorgenommen wurde.

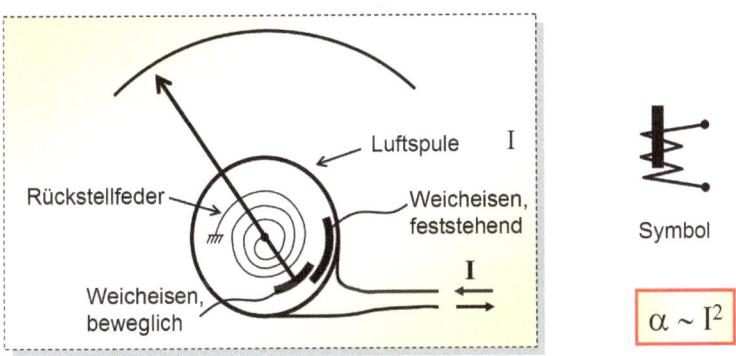

Bild 40: Prinzip eines Dreheisenmesswerkes und zugehöriges Symbol

Mit dem Dreheisenmessmerk können aufgrund der Richtungsunabhängigkeit unmittelbar auch Wechselströme gemessen werden.

Elektrodynamisches Messwerk

Der Aufbau eines elektrodynamischen Messwerkes ist in Bild 41 wiedergegeben.

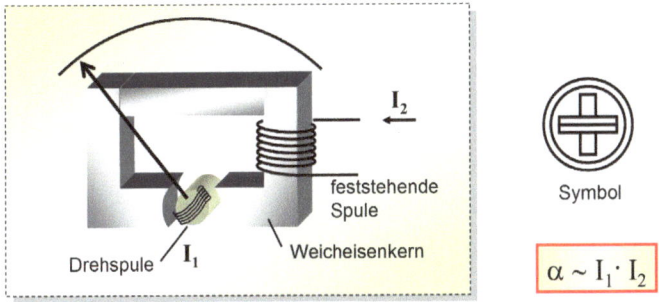

Bild 41: Prinzip eines elektrodynamischen Messwerkes und zugehöriges Symbol

Bei dem elektrodynamischen Messwerk ist genau wie beim Drehspulmesswerk eine stromdurchflossene Spule zwischen den Polen eines Magneten angeordnet. Hierbei wird allerdings kein Dauermagnet verwendet, sondern ein Elektromagnet, der von einem zweiten Strom durchflossen wird. Damit ergibt sich dann ein Zeigerausschlag, der dem Produkt der beiden Ströme proportional ist ($\alpha \sim I_1 \cdot I_2$).

Das zuletzt behandelte Elektrodynamische Messwerk eignet sich zur Multiplikation zweier gemessener Werte. Somit ist das Messwerk prinzipiell in der Lage, eine Leistungsmessung zu realisieren. Hierzu müsste allerdings mit dem einen Pfad der Strom und mit dem anderen Pfad die Spannung gemessen werden. Bisher haben wir aber bei den Messwerken nur die Möglichkeit besprochen, den Strom zu messen.

1.4.2 Spannungsmessung, Messbereichserweiterung

Jedes Strommessgerät lässt sich aber durch Verwendung eines (hochohmigen) Vorwiderstandes auch als Spannungsmessgerät verwenden (siehe Bild 42). Es wird dann ja der Strom gemessen, der sich bei Anlegen einer Spannung durch die Reihenschaltung aus Widerstand und Messwerk einstellt.

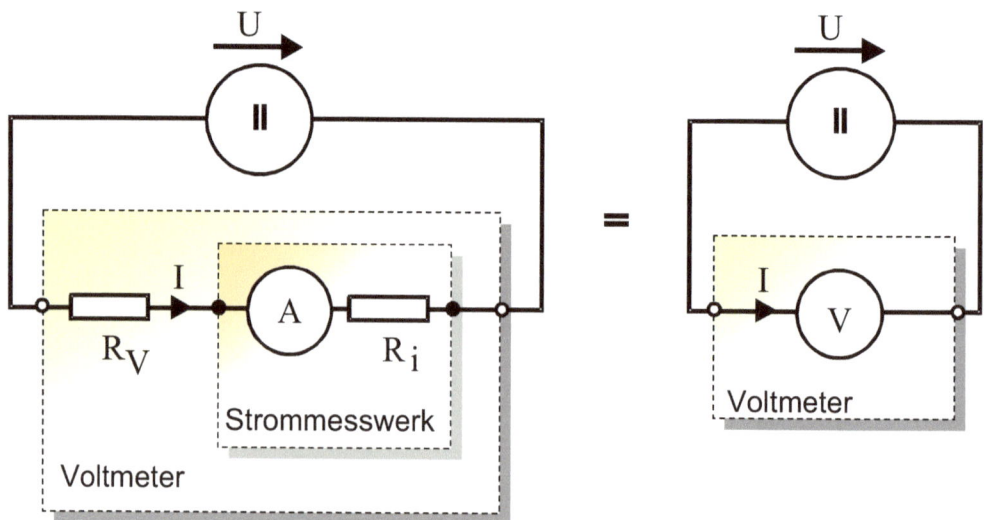

Bild 42: Verwendung eines Strommesswerks für den Bau eines Voltmeters

Verwenden wir beispielsweise ein handelsübliches Strommesswerk (Drehspulinstrument) mit einem Vollausschlag bei $I_{max} = 100\mu A$ und einem Innenwiderstand von $R_i = 1k\Omega$ so können wir einen Vollausschlag des Instrumentes bei 100V erzielen, indem wir einen Gesamtwiderstand von:

$$R_G = R_i + R_V = \frac{U_{max}}{I_{max}} = \frac{100V}{100\mu A} = 1M\Omega \triangleq 10^6 \Omega$$

G. Schmitz: Elektrotechnik für Ingenieurstudenten

realisieren. Das bedeutet, dass wir einen Vorwiderstand von $R_V = R_G - R_i = 999k\Omega$ verwenden müssen.

Der Gesamtwiderstand von $1M\Omega$ bedeutet auch, dass wir die Bedingung erfüllt haben, dass ein Voltmeter einen sehr großen Innenwiderstand aufweisen sollte.

Bereichserweiterung eines Voltmeters

Soll ein solches analoges Voltmeter verschiedene Spannungsmessbereiche aufweisen, so macht man den Vorwiderstand umschaltbar (siehe Bild 43).

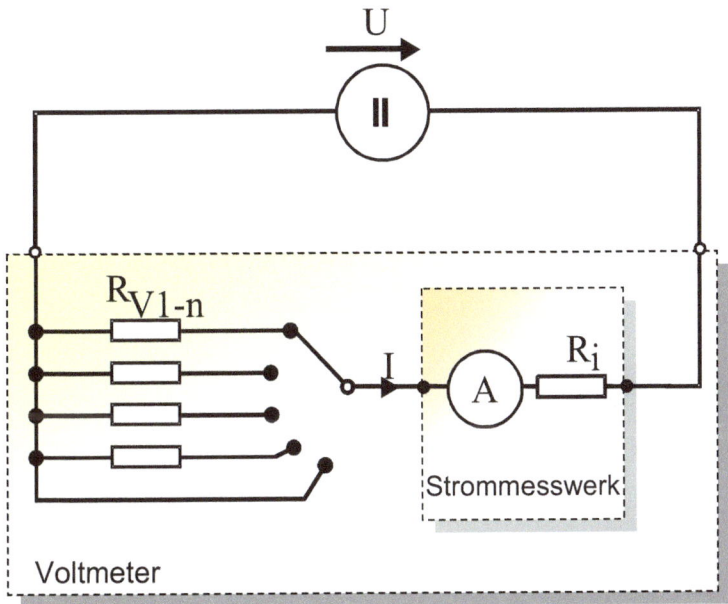

Bild 43: Bereichsumschaltung eines analogen Voltmeters

Bei Verwendung des im Beispiel von oben genannten Strommesswerks mit 0,1mA (=100μA) Vollausschlag und einem Innenwiderstand von 1kΩ, so ergeben sich die Vorwiderstände für verschiedene Messbereiche gemäß der folgenden Tabelle:

Messbereich	Gesamtwiderstand $R_G = R_{Vn} + R_i$	Vorwiderstand R_{Vn}
0V bis 1000V	10MΩ	9999kΩ
0V bis 100V	1MΩ	999kΩ
0V bis 10V	100kΩ	99kΩ
0V bis 1V	10kΩ	9kΩ
0V bis 100mV	1kΩ	0Ω

Der jeweilige Innenwiderstand des Voltmeters in einem bestimmten Messbereich entspricht dem angegebenen Gesamtwiderstand R_G und ist somit variabel. Er wird meistens auf den Instrumenten angegeben in der Form kΩ/V. Im vorliegenden Fall ergibt sich ein Wert von 10kΩ/Volt. Daraus kann nun abhängig vom eingestellten Messbereich der jeweilige Innenwiderstand bestimmt werden durch Multiplikation mit der Spannung für Vollausschlag. Also beispielsweise im Messbereich 10V:

$R_{Mi} = 10V \cdot 10kΩ/V = 100kΩ$

Für den kleinsten Messbereich wird kein Vorwiderstand benötigt. Durch den Innenwiderstand des Messwerks ergibt sich der Vollausschlag bei dem beispielhaft verwendeten Messwerk zu:

$U_{Voll} = R_i \cdot I_{Voll} = 1kΩ \cdot 0,1mA = 100mV$

1.4.3 Strommessung, Messbereichserweiterung

Bei einem Amperemeter kann eine Bereichserweiterung durch einen Nebenwiderstand R_N (Shunt-Widerstand) erzielt werden (siehe Bild 44).

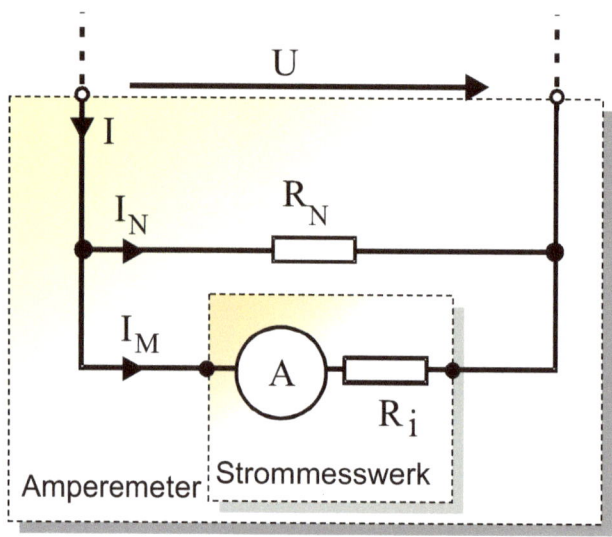

Bild 44: Bereichserweiterung eines Amperemeters

Der in das Messinstrument fließende Strom teilt sich dann auf in einen Messstrom I_M, der durch das Strommesswerk fließt, und einen Strom I_N, der durch den Nebenwiderstand fließt und meist deutlich größer ist als der Strom durch das Messwerk.

Der Gesamtwiderstand des Messwerkes ergibt sich aus der Parallelschaltung von R_N und R_i. Will man nun beispielsweise einen 1Ampere- Messbereich mit unserem Beispielmesswerk von oben realisieren, so muss sich bei 1Ampere eine Spannung an der Parallelschaltung U von gerade 100mV ergeben. Dies hatten wir bei der Messbereichserweiterung für die Spannungsmessung für den Messbereich ohne Vorwiderstand ermittelt. Somit ergibt sich also der benötigte Gesamtwiderstand zu

$$R_G = \frac{U_{Voll}}{I_{Voll}} = \frac{100mV}{1A} = 0,1\Omega$$

Man erkennt, dass der Widerstand tatsächlich – wie gefordert – recht niederohmig ist. Hieraus kann nun mittels der Formel für die Parallelschaltung der erforderliche Shuntwiderstand R_N ermittelt werden:

$$\frac{1}{R_G} = \frac{1}{R_N} + \frac{1}{R_i} \Rightarrow \frac{1}{R_N} = \frac{1}{R_G} - \frac{1}{R_i} \Rightarrow R_N = \frac{R_G \cdot R_i}{R_i - R_G} = 0,10001\Omega$$

Eine andere Methode besteht darin, die Gleichheit der Spannung an den beiden Widerständen auszunutzen und den sich aus der Knotenpunkt ergebenden Zusammenhang zwischen den Strömen ($I_N = I - I_M$) einzusetzen:

$$U = R_i \cdot I_M = R_N \cdot I_N = R_N \cdot (I - I_M) \Rightarrow$$

$$R_N = \frac{R_i \cdot I_M}{(I - I_M)} = \frac{R_i}{\left(\frac{I}{I_M} - 1\right)} = \frac{1k\Omega}{\left(\frac{1A}{0,1mA} - 1\right)} = 0,10001\Omega$$

Anmerkung: Bei Parallelschaltung eines Shuntwiderstandes von 0,1Ω anstelle von 0,10001Ω ergibt sich rechnerisch ein Mess- Fehler von 0,01%. Gegenüber den Toleranzen und anderen Ungenauigkeiten (Ablesung) kann dieser Fehler vernachlässigt werden, so dass man also in diesem Fall tatsächlich einen Shuntwiderstand von 0,1Ω verwenden würde.

Ein Amperemeter mit Messbereichsumschaltung zeigt Bild 45. Im kleinsten Messbereich wird kein Widerstand parallel geschaltet. Dann entspricht der Vollausschlag des Amperemeters genau dem des Messwerks.

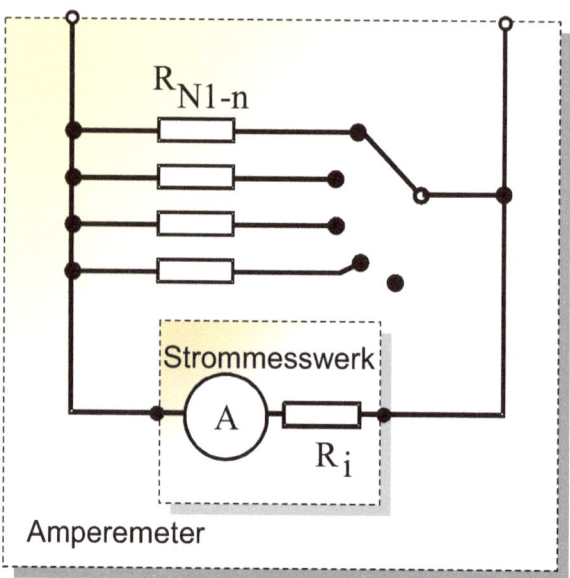

Bild 45: Bereichsumschaltung eines analogen Amperemeters

Tatsächlich lässt sich also mit einem einzigen Messwerk durch Kombination der Bereichserweiterungen für Spannungs- und für Strommessungen ein Vielfachmessgerät aufbauen, das hochohmig bei Spannungsmessungen und niederohmig bei Strommessungen ist.

1.4.4 Widerstandsmessung (einfach, Wheatston'sche Brücke)

Widerstandsmessung mit analogen Multimetern

Eine weitere Messmöglichkeit ist in üblichen Analog- Multimetern (Vielfachmessgeräten) eingebaut: die Widerstandsmessung. Durch eine eingebaute Batterie wird ein Stromfluss durch den zu messenden Widerstand und durch das Messwerk bewirkt (Bild 46).

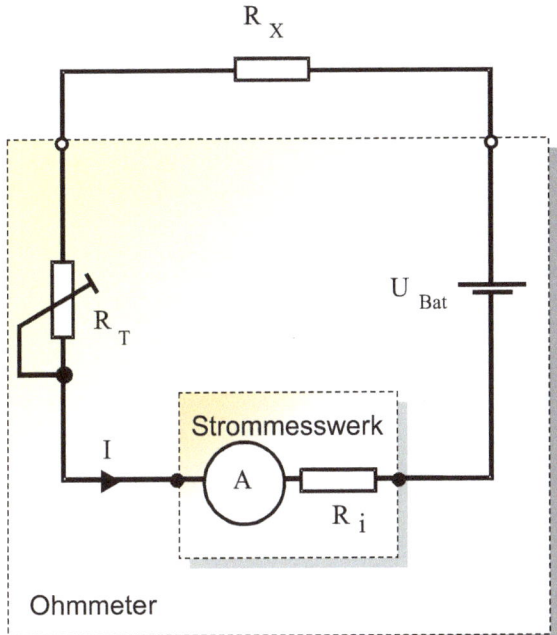

Bild 46: Prinzip der Widerstandsmessung mit einem Multimeter

Mit Hilfe des Trimmwiderstandes R_T wird zuvor ein Abgleich derart vorgenommen, dass bei Kurzschließen der Klemmen ($R_x = 0$) sich gerade der Strom für Vollausschlag ergibt. Dieser Abgleich muss vor jeder Messung/Messreihe wiederholt werden, da durch die Entladung der Batterie im Laufe der Zeit die Spannung U_{Bat} sich ändert und dadurch sich ansonsten unterschiedliche Ausschläge bei gleicher Einstellung des Widerstandes R_T ergeben würden.

Der Ausschlag des Messwerkes nimmt bei größeren Werten des zu messenden Widerstandes ab, da der Strom sinkt. Es ergibt sich somit eine umgekehrte und dazu auch stark nichtlineare Skala für die Ablesung des gemessenen Widerstandswertes.

Widerstandsmessung mit der Wheatstone'sche Brücke

Für genauere Messungen und „Spezialmessungen" (z.B. sehr niederohmige Messungen oder Impedanzmessungen) wird häufig eine Brückenschaltung aus zwei Spannungsteilern verwendet, die auch als Wheatstone'sche Brücke bekannt ist (siehe Bild 47).

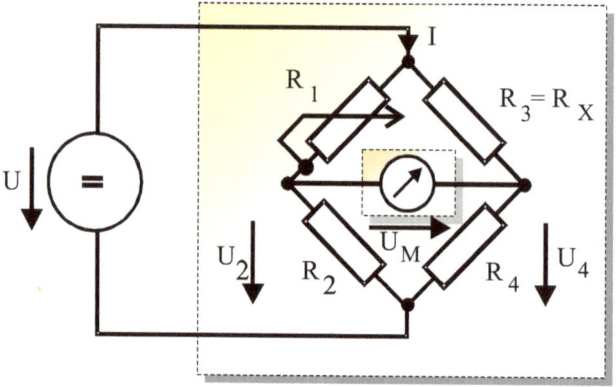

Bild 47: Wheatstone'sche Brückenschaltung

Dabei wird der zu bestimmende Widerstand in einen Brückenzweig geschaltet. In dem dargestellten Beispiel sei dies R_3. Ein einstellbarer Widerstand (im Beispiel ist dies der Widerstand R_1) wird nun so lange verstellt, bis das Anzeigeinstrument keinen Ausschlag mehr zeigt, also die Spannung am Instrument U_M zu Null wird. Dann bezeichnet man die Brücke als „abgeglichen".

Man kann leicht einsehen, dass diese Bedingung erfüllt ist, wenn das Verhältnis von R_1 zu R_2 gerade dem Verhältnis von R_3 zu R_4 entspricht. (Wir werden dies auch später noch nachweisen). Am einstellbaren Widerstand R_1 kann an einer Skala abgelesen werden, wie groß der Wert des Widerstandes R_3 ist.

Dabei können die Widerstände im linken Zweig relativ groß und die im rechten Zweig relativ klein sein – oder umgekehrt. Schließlich kommt es ja nur auf das Verhältnis an. Man kann auch bei Speisung der Brücke mit Wechselspannung im rechten Zweig Wechselstromwiderstände (z.B. Kondensatoren, siehe Kap. 1.5 und Kap. 2) und im linken Teil „normale" Widerstände verwenden.

Es muss nicht mal eine Spannungsquelle verwendet werden, wichtig ist nur, dass ein Versorgungsstrom I fließt.

Nun zur Herleitung der Abgleichbedingung. Zunächst einmal betrachten wir die Spannung U_M als Differenz der Spannungen U_2 und U_4 (dies folgt aus einem Maschenumlauf):

$$\text{Abgleichbedingung:} \quad U_2 - U_4 = U_M \overset{!}{=} 0 \Rightarrow U_2 \overset{!}{=} U_4$$

Die Spannungen U2 und U4 können mit Hilfe der Spannungsteilerregel bestimmt werden:

$$U_2 = U \cdot \frac{R_2}{R_1 + R_2} \quad \text{und} \quad U_4 = U \cdot \frac{R_4}{R_3 + R_4}$$

mit der Gleichsetzung ergibt sich:

$$U \cdot \frac{R_2}{R_1 + R_2} = U \cdot \frac{R_4}{R_3 + R_4} \Leftrightarrow \frac{R_2}{R_1 + R_2} = \frac{R_4}{R_3 + R_4}$$

Bildet man auf beiden Seiten den Kehrwert, so ergibt sich:

$$\frac{R_1 + R_2}{R_2} = \frac{R_3 + R_4}{R_4} \Leftrightarrow \frac{R_1}{R_2} + 1 = \frac{R_3}{R_4} + 1 \Leftrightarrow$$

$$\text{Die Abgleichbedingung:} \quad \frac{R_1}{R_2} = \frac{R_3}{R_4} \quad \text{q.e.d.}$$

An der Stelle des Messinstrumentes können auch sehr empfindliche Messwerke wie z.B. sogenannte Spiegelgalvanometer Verwendung finden.

1.4.5 Leistungsmessung

Als letzte Messung mit Analoginstrumenten soll kurz auf die Leistungsmessung eingegangen werden. Zum einen besteht die Möglichkeit, die Leistung als Produkt aus der mittels Volt- und Amperemeter gemessenen Werte von Spannung und Strom zu bestimmen (siehe Bild 48). Es gibt jedoch auch Leistungsmessgeräte, die ein elektrodynamisches Messwerk (s. S. 42) besitzen und somit zwei Spulen besitzen. Eine Spule wird mittels eingebautem Vorwiderstand für die Spannungsmessung nutzbar gemacht. Somit verfügt dann das Instrument über einen Spannungs- und einen Strompfad, die gemäß Bild zu verschalten sind. Im Vorgriff auf das spätere Kapitel über Wechselspannungen sei erwähnt, dass ein solches Wattmeter die Wirkleistung misst ($P = U \cdot I \cdot \cos\varphi$, zur Bedeutung von $\cos\varphi$ siehe Kap.2.3)

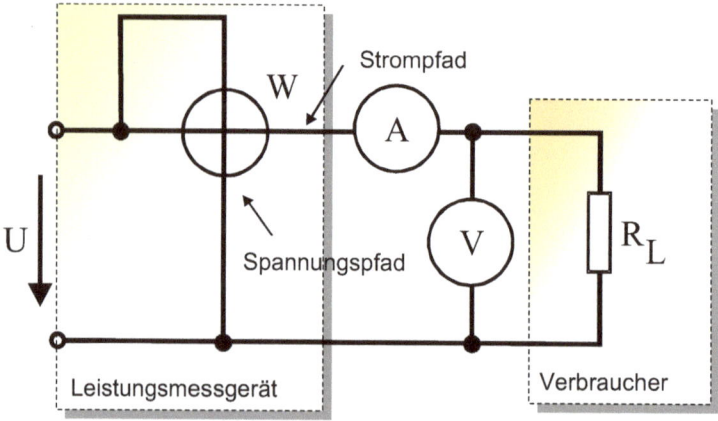

Bild 48: Schaltungen zur Leistungsmessung

1.4.6 Digitale Messgeräte

Heutzutage werden hauptsächlich digitale Messgeräte verwendet. Das Prinzip des Einbaus in den Stromkreis ist natürlich identisch zu dem von Analoginstrumenten. Aufgrund eingebauter Verstärker vor dem eigentlichen Analog/Digitalwandler bieten derartige Messinstrumente üblicherweise noch deutlich bessere Werte bezüglich der Eingangswiderstände und häufig auch bezüglich der Genauigkeit als analoge Instrumente.

Einen Nachteil weisen die digitalen Messgeräte gegenüber den analogen auf: Trends oder schnelle Veränderungen können auf einem numerischen Display nicht oder nur schlecht abgelesen werden. Inzwischen ist allerdings bei einigen Geräten eine zusätzliche Balkenanzeige vorhanden, um diesen Nachteil zu kompensieren.

1.5 Der Kondensator

Der Kondensator ist ein Bauteil, das zum kurzfristigen Speichern von elektrischer Energie genutzt werden kann. Zunächst wollen wir wieder mit Hilfe einer Modellvorstellung uns klarmachen, wie ein solcher Kondensator funktioniert und wie man sich den Zusammenhang zwischen Strom und Spannung erklären kann.

1.5.1 Prinzip des Kondensators

In Bild 49 ist ein Wasserkreislauf dargestellt, bei dem mit Hilfe einer Pumpe P Wasser in einen Druckspeicher gefördert werden kann. In der Mitte des Druckspeichers gebe es eine Membran, die wasserundurchlässig ist, die sich jedoch auslenken lässt.

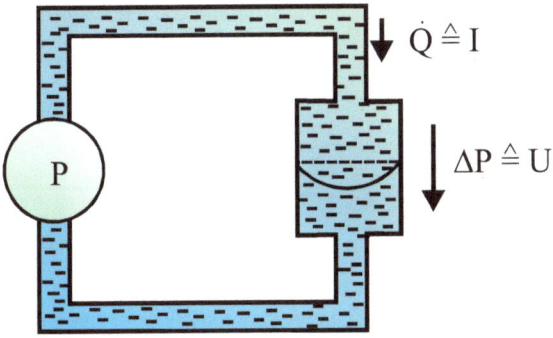

Bild 49: Analogie Druckspeicher- Kondensator

Sobald die Pumpe einen Wasserstrom (Wassermenge pro Zeit) $\dot{Q}$ fördert, wird sich ein (Differenz-) druck über den Druckspeicher aufbauen. Weiterhin beobachten wir, dass obwohl kein Wasser durch die Membran passieren kann, dennoch Wasser oben in den Druckspeicher hineinfließt und unten wieder hinausfließt (gleiche Menge). Dies liegt daran, dass die Membran ausgelenkt wird, wie im Bild dargestellt.

Beim Kondensator passiert genau das Analoge. Dabei entspricht dann der Wassermenge pro Zeit die Ladungsmenge (Elektronen) pro Zeit, also der Strom I. Die Druckdifferenz entspricht dann der elektrischen Spannung U.

Wir wollen uns nun den Verlauf der Spannung U (der Druckdifferenz ΔP) ansehen, wenn wir über einen gewissen Zeitraum einen Strom I fließen lassen (siehe Bild 50).

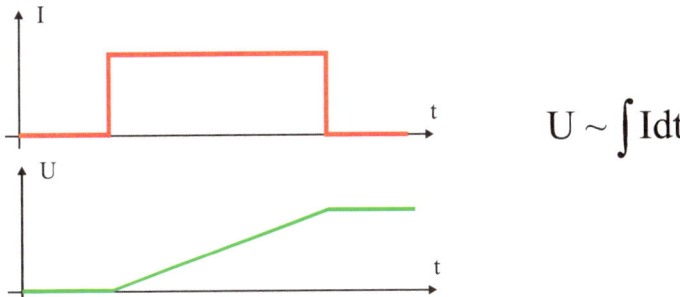

Bild 50: Spannungsverlauf (Druckverlauf) bei konstantem Strom (konstantem Zufluss)

Sobald ein Stromfluss (Wasserfluss) stattfindet, beginnt die Spannung (der Druck) zu steigen. Hört der Stromfluss (Wasserfluss) auf, so bleibt die Spannung (der Druck) auf dem erreichten Niveau (solange nichts zurückfließt).

Eine weitere Modellvorstellung hierzu kann auch ein Fass sein, dessen Zulauf für eine Zeit geöffnet wird und dann wieder geschlossen wird. Der Druck / die Spannung entspricht dann dem Füllstand des Fasses.

Dieser Zusammenhang lässt sich mathematisch durch ein Integral beschreiben:

$$U \sim \int I\,dt$$

allerdings wird bei zeitlich veränderlichen Größen in der Elektrotechnik üblicherweise mit Kleinbuchstaben gearbeitet also:

$$u \sim \int i\,dt$$

Wovon hängt nun die Proportionalität ab? Je größer der Druckspeicher (das Fass), umso langsamer wird der Druck (der Füllstand) steigen. Also muss der Anstieg umgekehrt proportional zur Kapazität des Speichers sein. Die Kapazität eines Kondensators bezeichnet man mit C. Somit ergibt sich also:

$$u = \frac{1}{C} \int i\,dt$$

Dies lässt sich natürlich auch in der Differentialform schreiben:

$$i = C \cdot \frac{du}{dt}$$

(Der Stromfluss ist proportional zum **Anstieg** der Spannung.)

Aus der Integralform folgt auch, dass die Spannung aus der insgesamt in den Kondensator geflossenen Ladung (also dem über der Zeit aufintegrierten Strom) berechnet werden kann:

$$Q = \int i\,dt \quad \Rightarrow \quad U = \frac{Q}{C}$$

Aus der Integralform wollen wir nun auf die Dimension der Kapazität schließen:

$$u = \frac{1}{C} \int i\,dt \Rightarrow V = \frac{1}{[C]} \cdot A \cdot s \Rightarrow [C] = \frac{As}{V} = F$$

Die Einheit der Kapazität wird mit Farad (F) bezeichnet (nach dem britischen Physiker Michael **Faraday** (1791-1867). Technisch ausgeführte Kondensatoren weisen Kapazitäten im Bereich von Picofarad ($1pF = 10^{-12}F$) bis hin zu einigen Millifarad ($1mF = 10^{-3}F$) auf (anstelle von mF wird die Kapazität aber meist in $1000\mu F$ angegeben, wobei das „µ" häufig auch nur als „u" geschrieben wird. Inzwischen gibt es sogar Kondensatoren mit einigen Farad Kapazität bei relativ kleinem Bauraum. Diese Typen von Kondensatoren stellt eine Art aufgewickelter Elektrolytkondensator dar (exakt: elektrische Doppelschicht) und werden je nach Firma beispielsweise als GoldCaps, UltraCaps, SuperCaps oder DynaCaps bezeichnet. *Beispiele: DynaCap der Firma Elna mit 100F hat Abmessungen ∅35mm x 50mm bei einer Spannungsfestigkeit von 2,5V. UltraCap 5000F bei 2,5V. Je*

G. Schmitz: Elektrotechnik für Ingenieurstudenten

höher die Spannungsfestigkeit umso größer wird das Volumen (bei gleicher Kapazität etwa quadratisch).

Kondensatoren werden nicht nur zur Energiespeicherung verwendet sondern auch für Schwingkreise, frequenzabhängige Baugruppen (z.B. Filter) und zur Trennung von Gleich- und Wechselspannungskreisen.

Die wichtigsten elektrischen Schaltzeichen für Kondensatoren sind in Bild 51 dargestellt.

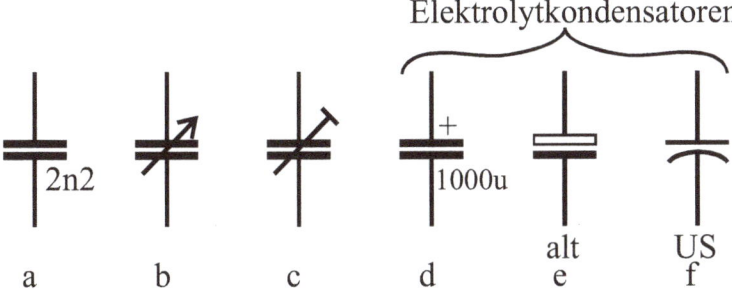

Bild 51: Symbole für Kondensatoren:
a) 'normaler' Kondensator, b) Drehkondensator, c) Trimmkondensator, d) Elektrolytkondensator (Elko), e) veraltetes Symbol für Elko, f) US-Symbol für Elko

Das Symbol für den Kondensator entspricht dem Funktionsprinzip des Plattenkondensators (Bild 52).

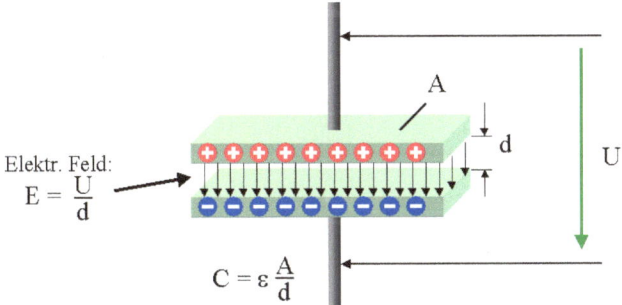

Bild 52: Prinzip eines (Platten-) Kondensators

Bei Anlegen einer Spannung (im Bild oben positive Spannung) werden Elektronen von der oberen Platte abgezogen; es entsteht Mangel an negativen Ladungen oder anders gesagt: positive Ladungen. An der unteren Platte ergibt sich ein Elektronenüberschuss, also ein Überschuss an negativen Ladungen. Solange eine gewisse Durchschlagsfeldstärke nicht überschritten wird, fließen keine Ladungen durch den Raum zwischen den Elektroden (wie bei der Membran des Druckspeichers). Die elektrische Feldstärke, die sich zwischen den Elektroden einstellt, kann einfach aus anliegender Spannung U und dem Abstand d zwischen den Elektroden berechnet werden:

$$E = \frac{U}{d}$$

Die elektrische Feldstärke hat die Einheit V/m – wie aus dem Quotienten von Spannung und Abstand leicht zu ersehen ist.

Die Kapazität des Kondensators ist umso größer, je größer die Fläche der Platten ist, aber umso kleiner, je größer der Abstand ist (kleinere Wechselwirkung zwischen den Platten). Weiterhin ist die Füllung des Zwischenraumes wichtig. Der für das Material zu berücksichtigende Proportionalitätsfaktor heißt Dielektrizitätskonstante ε. Somit ergibt sich für die Kapazität:

$$C = \varepsilon \cdot \frac{A}{d}$$

wobei ε ausgedrückt werden kann als Produkt aus einer dimensionslosen Größe, der Dielektrizitätszahl ε_r und der Dielektrizitätskonstanten des freien Raumes ε_0. Es gilt:

$$\varepsilon = \varepsilon_r \cdot \varepsilon_0 \quad \text{mit} \quad \varepsilon_0 = 8{,}855 \cdot 10^{-12} \frac{As}{Vm}$$

ε_r ist eine Materialkonstante und gibt also an, um welchen Faktor die Kapazität eines Kondensators sich erhöht bei Verwendung des entsprechenden Materials als *Dielektrikum* im Kondensator.

Bei dieser Gelegenheit wollen wir noch ein paar Betrachtungen über das elektrische Feld vornehmen. Innerhalb eines (großen, idealen) Kondensators ist das elektrische Feld homogen. Würde man das untere Ende des Kondensators „erden" und diese Erde als Referenz betrachten, so wird man im Abstand s von der unteren Platte eine Spannung von U = E·s gegen Erde messen. Die Spannung gegenüber dem Referenzpunkt bezeichnet man auch als das Potential φ. Somit gilt also: φ = E·s. Die Linien gleichen Potenzials bezeichnet man auch als „Äquipotenziallinien".

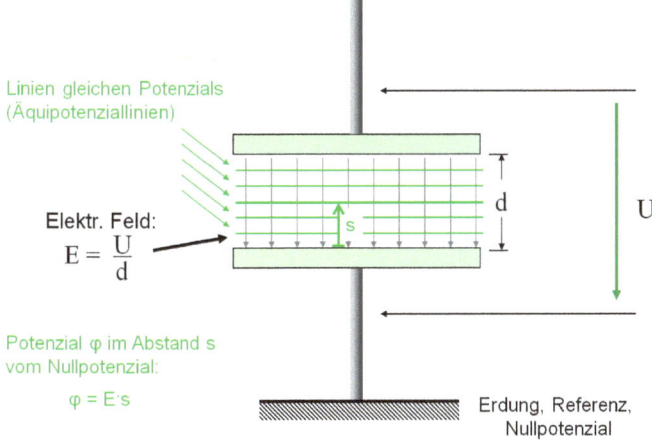

Bild 53: Elektrisches Feld, Äquipotenziallinien

Bei Betrachtung aller drei Dimensionen wird natürlich klar, dass es sich eigentlich um Flächen gleichen Potenzials, also Äquipotentialflächen handelt. Lediglich in der zweidimensionalen Projektion bzw. dem Schnittbild ist es richtig, von Äquipotenziallinien zu sprechen.

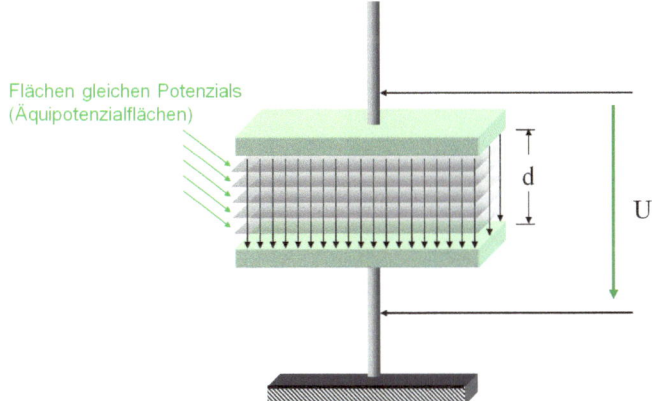

Bild 54: Elektrisches Feld, Äquipotentialflächen

Nun wollen wir uns noch ansehen, was passiert, wenn wir eine Punktladung q in ein elektrisches Feld einbringen. Dann wirkt auf die Punktladung eine Kraft, die sowohl proportional zu Ihrer Ladung als auch zur Größe des Elektrischen Feldes ist:

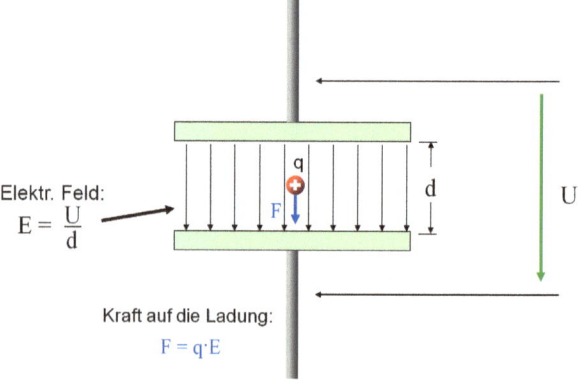

Bild 55: Kraft auf eine Ladung im elektrischen Feld

Betrachten wir das Feld einer Punktladung im freien Raum, also das Feld, das die Punktladung selber hervorruft, so ist dieses Feld kugelsymmetrisch und die Äquipotenziallinien sind konzentrische Kreise (Äquipotenzialfläche konzentrische Kugelschalen) (siehe Bild 56 und Bild 57).

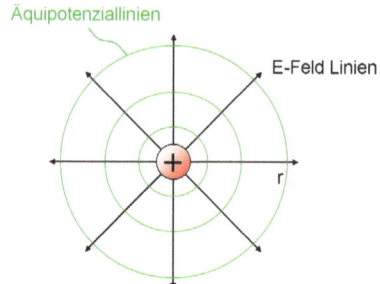

Bild 56: Elektrisches Feld einer positiven Punktladung

Die Feldstärke des Feldes einer Punktladung im Abstand r beträgt: $E(r) = \dfrac{q}{4\pi\varepsilon r^2}$

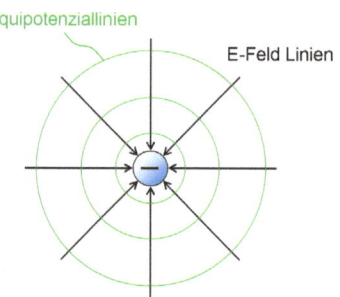

Bild 57: Elektrisches Feld einer negativen Punktladung

G. Schmitz: Elektrotechnik für Ingenieurstudenten

Die Felder von mehr als einer Punktladung können durch Überlagerung ermittelt werden. Bei zwei entgegengesetzten Punktladungen gleichen Betrages, aber unterschiedlichen Vorzeichens ergibt sich ein Feldlinienverlauf gemäß Bild 58:

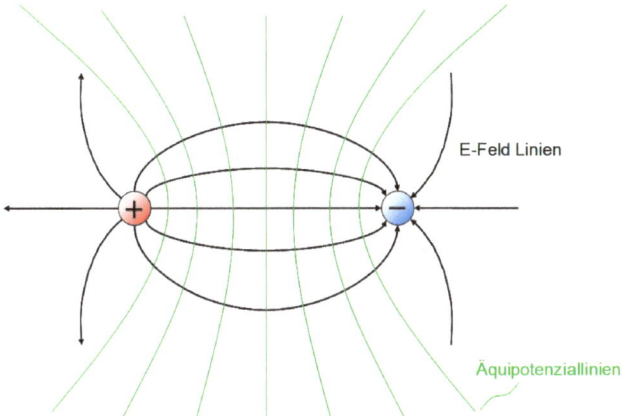

Bild 58: Elektrisches Feld zweier gegensätzlicher Ladungen

Man erkennt bei diesem Bild eine Spiegelachse in der Mitte. Tatsächlich ergibt sich ein gleiches Bild in der linken Hälfte, wenn man einen „elektrischen Spiegel", also einfach eine elektrisch leitende Platte in der Mitte anbringt und die negative Ladung entfernt (siehe Bild 59). Man kann an diesem Bild auch gut sehen, dass die elektrischen Feldlinien immer senkrecht auf einem elektrischen Leiter stehen. Die Äquipotenziallinien stehen wiederum senkrecht auf den elektrischen Feldlinien.

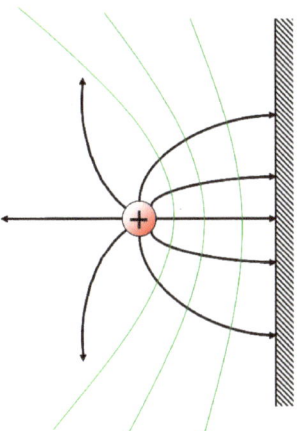

Bild 59: Elektrisches Feld einer Punktladung vor einer leitenden Platte

1.5.2 Parallel- und Reihenschaltung des Kondensators

Die Formel für die Parallelschaltung von Kondensatoren ist recht einfach anschaulich herzuleiten. Das Parallelschalten wirkt wie die Vergrößerung der Kondensatorfläche und hat demgemäß die Addition der Kapazitäten zur Folge.

Parallelschaltung von Kondensatoren,
Erhöhung der Kapazität

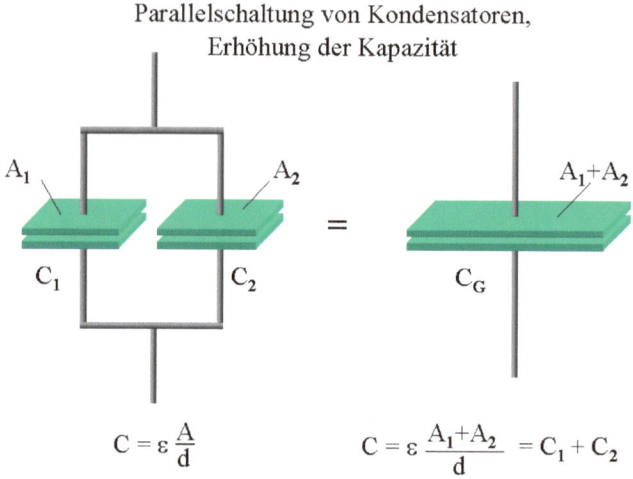

$$C = \varepsilon \frac{A}{d} \qquad C = \varepsilon \frac{A_1+A_2}{d} = C_1 + C_2$$

Bild 60: Parallelschaltung von Kondensatoren, Erhöhung der Kapazität

Parallelschaltung von Kondensatoren: $C = C_1 + C_2$

Bei der Reihenschaltung von Kondensatoren verkleinert sich die Kapazität. Man kann sich dies durch eine Vergrößerung des Plattenabstandes verdeutlichen (siehe Bild 61).

Reihenschaltung von Kondensatoren,
Verringerung der Kapazität

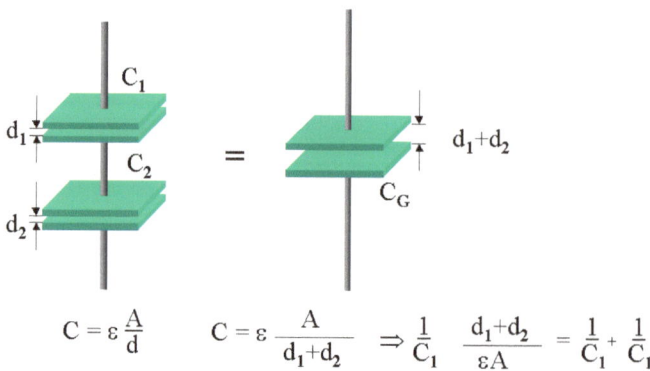

$$C = \varepsilon \frac{A}{d} \qquad C = \varepsilon \frac{A}{d_1+d_2} \quad \Rightarrow \quad \frac{1}{C_1} \quad \frac{d_1+d_2}{\varepsilon A} = \frac{1}{C_1} + \frac{1}{C_1}$$

Bild 61: Reihenschaltung von Kondensatoren, Verringerung der Kapazität

G. Schmitz: Elektrotechnik für Ingenieurstudenten

Es ergibt sich also der Kehrwert der Kapazität als die Summe der Kehrwerte, was aber auch wie bei der Formel für die *Parallelschaltung* von Widerständen umgeformt werden kann:

$$\text{Reihenschaltung von Kondensatoren:} \quad \frac{1}{C} = \frac{1}{C_1} + \frac{1}{C_2} \Leftrightarrow C = \frac{C_1 \cdot C_2}{C_1 + C_2}$$

1.5.3 Bauformen von Kondensatoren

Im Folgenden sind einige Bauformen von Kondensatoren dargestellt.

Bei dem Folienkondensator (auch „Styroflex") werden zwei dünne Metallfolien mit zwei sehr dünnen Kunststoff- Folien aufgewickelt (Bild 62). Die Metallfolien werden jeweils auf einer Seite der „Rolle" kontaktiert und bilden die beiden Elektroden. Die Kapazität ist deutlich größer als die eines Plattenkondensators ähnlicher Größe, da die Kapazität von jeder Metallfolie zu beiden Seiten wirkt, und durch die dünne Folie ein sehr kleiner Abstand mit gleichzeitig hoher Dielektrizitätskonstante (DK) erzielt wird.

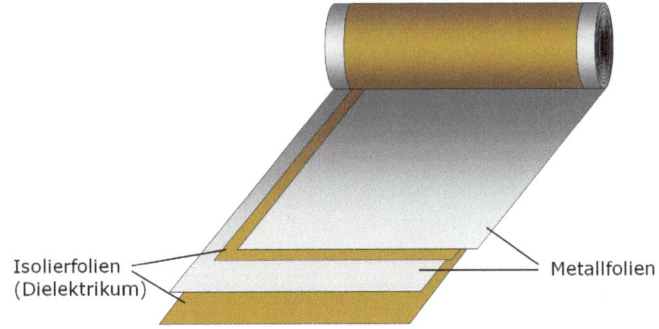

Bild 62: Aufbau eines Wickelkondensators (z.B. „Styroflex")

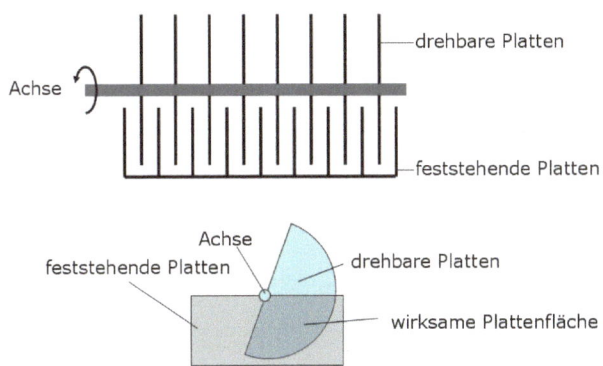

Bild 63: prinzipieller Aufbau eines Drehkondensators

Kondensatoren mit veränderlicher Kapazität wurden vor allem in der Hochfrequenztechnik verwendet. Zur Änderung der Kapazität wird ein Stapel von Metallflächen gegen einen anderen Stapel verdreht. Da die Fläche nicht besonders groß ist und als Dielektrikum üblicherweise Luft verwendet wird, sind die erreichbaren Kapazitäten nicht sonderlich groß und liegen meist im pico- Farad- Bereich (einige pF bis einige 100 pF). Heutzutage werden in den meisten Anwendungen die Drehkondensatoren durch Kapazitätsdioden ersetzt, deren Kapazität durch Anlegen einer Gleichspannung verändert werden kann.

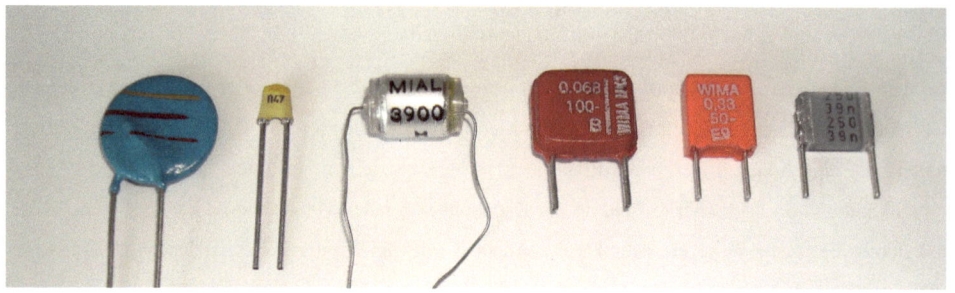

Bild 64: Verschiedene Ausführungsformen von Kondensatoren: v.l. 4,7nF keramisch, 470pF keramisch, 3,9nF Folienkondensator (gewickelt), 68nF, 330nF, 39nF

Zur Erzielung höherer Kapazitäten sind andere Techniken erforderlich. Sogenannte Elektrolytkondensatoren (Bild 65) machen sich dabei zunutze, dass auf einer Metallfolie eine dünne, nichtleitende Oxydschicht erzeugt wird. Diese dient als Dielektrikum. Die Gegenelektrode wird von einer Flüssigkeit, dem Elektrolyten, gebildet. Dieser Elektrolyt folgt der aufgerauten Oberfläche der Metallfolie. Somit hat man eine sehr große Fläche kombiniert mit einem sehr kleinen Elektrodenabstand, was beides zu einer hohen Kapazität im Bereich einiger mikro- Farad bis zu einigen Tausend mikro- Farad führt. Allerdings ist bei dem Einsatz solcher Kondensatoren die richtige Polung zu beachten, da ansonsten die Oxydschicht sich im Elektrolyten löst und der Kondensator zerstört wird. Aus diesem Grund ist auch im Schaltsymbol des Elektrolytkondensators (Elko) auch die Polarität gekennzeichnet (Bild 51).

G. Schmitz: Elektrotechnik für Ingenieurstudenten

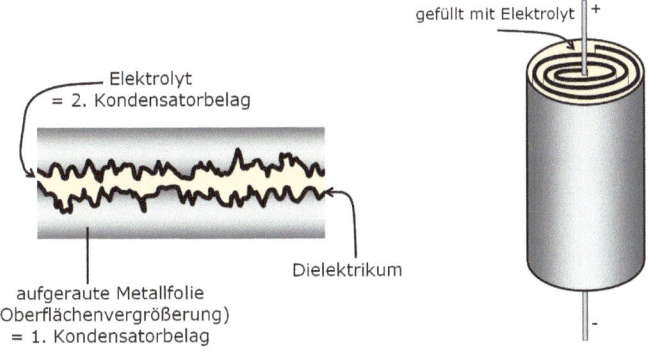

Bild 65: Aufbau von Elektrolytkondensatoren: eine Elektrode wird durch eine Flüssigkeit gebildet, die den Oberflächenrauhigkeiten folgt ⇒ große Kapazitäten

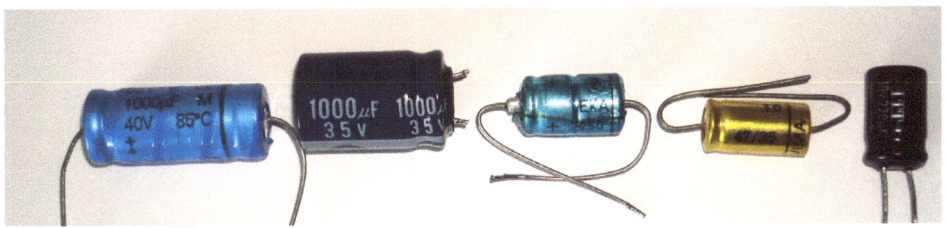

Bild 66: verschiedene Ausführungsformen von Elektrolytkondensatoren

Ein ähnliches Prinzip wie beim Elektrolytkondensator findet man beim Tantalkondensator, bei dem die große Oberfläche durch ein gesintertes Bauteil aus Tantal realisiert wird (Bild 67). Hierdurch lassen sich relativ klein bauende Kondensatoren realisieren.

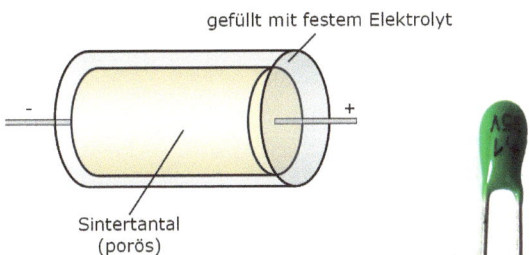

Bild 67: Ausführungsform des Elektrolytkondensators als Tantalkondensator: der feste Elektrolyt durchdringt die Zwischenräume im Sintermaterial

Für die hauptsächliche Verwendung als Energiespeicher (Ersatz von Pufferbatterien etc.) sind inzwischen Kondensatoren mit noch größerer Kapazität verfügbar, die eine Art Kombination aus den Folienkondensatoren und Elektrolytkondensatoren darstellen. Sie werden als Doppelschichtkondensatoren bezeichnet und sind unter den Namen „GoldCaps", „UltraCaps",

„SuperCaps" oder „DynaCaps" erhältlich. Meist sind die Spannungsfestigkeiten allerdings relativ gering. Eine Darstellung des schematischen Aufbaus und ein Größenvergleich zu einem Elektrolytkondensator zeigt Bild 68. Allerdings hinkt der Vergleich insofern, als dass sich für eine Spannungsfestigkeit von 35V ein Vielfaches des Volumens auch bei den GoldCaps ergeben würde.

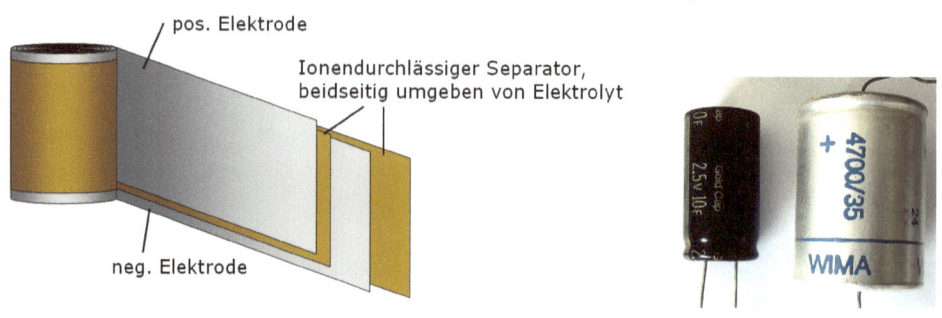

Bild 68: Aufbau (links) von Doppelschicht- Kondensatoren und Größenvergleich GoldCap
mit 10F(2,5V) zu altem Elektrolytkondensator mit 4700μF (35V)

1.5.4 Kondensator im Gleichstromkreis (Ladung/Entladung)

Nun wollen wir uns das Verhalten eines Kondensators im Gleichstromkreis ansehen. Dazu schalten wir ihn über einen Widerstand an eine Spannungsquelle:

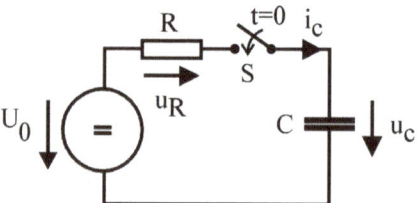

Bild 69: Kondensator im einfachen Gleichstromkreis

Zunächst soll diese Schaltung allgemein analysiert werden. Ein Maschenumlauf führt zu:

$$U_0 = u_C + u_R = u_C + R \cdot i \quad \text{mit} \quad i = C \cdot \frac{du_C}{dt} \quad \text{Gleichung 1.5.4.0}$$

$$U_0 = u_C + u_R = u_C + RC \cdot \frac{du_C}{dt} \quad \text{(Differenzialgleichung 1.Ordnung) Gleichung 1.5.4.1}$$

Lösungsansatz:

$$u_C = a + b \cdot e^{c \cdot t} \quad \text{(Gleichung 1.5.4.2)}$$

Einsetzen in Gleichung 1.5.4.1 ergibt:

$$U_0 = a + b \cdot e^{c \cdot t} + RC \cdot \frac{d(a + b \cdot e^{c \cdot t})}{dt} = a + b \cdot e^{c \cdot t} + RC \cdot c \cdot b \cdot e^{c \cdot t}$$

Da die Gleichung für alle Zeiten t erfüllt sein muss, müsse die zeitabhängigen Terme unabhägig von den zeitabhängigen Termen die Gleichung erfüllen. Somit kann man die Gleichung aufspalten in zwei Teilgleichungen:

zeitunabhängige Terme: $\quad\quad\quad U_0 = a$ (Diese Lösung ergibt sich auch für $t \to -\infty$)

zeitabhängige Terme: $\quad\quad\quad b \cdot e^{c \cdot t} = -RC \cdot c \cdot b \cdot e^{c \cdot t}$

nach Kürzen ergibt sich: $\quad\quad\quad 1 = -RC \cdot c \Rightarrow c = -\dfrac{1}{RC}$

Die Dimension von RC ergibt sich zu: $[RC] = \dfrac{V}{A} \cdot \dfrac{As}{V} = s \quad$ also die Einheit einer Zeit!

Da die Werte R und C zeitinvariant sind wird RC auch als Zeitkonstante τ bezeichnet:

$$\tau = R \cdot C$$

somit ergibt sich $c = -\dfrac{1}{\tau}$ und nach Einsetzen der bisher gefundenen Konstanten a und c in den

Lösungsansatz (Gleichung 1.5.4.2):

$$u_C = U_0 + b \cdot e^{-t/\tau} \quad \text{(allgemeine Gleichung unabh. vom Anfangszustand, Gleichung 1.5.4.3)}$$

Aufladung des Kondensators

Für das Aufladen des Kondensators muss nun die Anfangsbedingung berücksichtigt werden, dass der Kondensator beim Schließen des Schalters ungeladen war, also:

Anfangszustand: $u_C(t = 0) = 0$ (Schalter schließt bei $t = 0$)

Diese Bedingung eingesetzt in Gleichung 1.5.4.3 ergibt:

$$0 = u_C = U_0 + b \cdot e^{-t=0/\tau} = U_0 + b \cdot 1 \Rightarrow b = -U_0$$

Wenn wir die letzte gefundene Konstante b nun einsetzen in die allgemeine Gleichung 1.5.4.3, so ergibt sich:

$$u_C = U_0 - U_0 \cdot e^{-t/\tau}$$ bzw. nach ausklammern:

$$u_C = U_0(1 - e^{-t/\tau})$$ die Formel für den Ladevorgang am Kondensator (Gleichung 1.5.4.4)

Der zeitliche Verlauf der Spannung beim Ladevorgang ist in Bild 70 wiedergegeben.

Den zugehörigen Strom können wir berechnen aus Gleichung 1.5.4.0

$$U_0 = u_C + u_R = u_C + R \cdot i \Rightarrow i = \frac{U_0 - u_C}{R} = \frac{U_0 - U_0 - U_0 \cdot (-e^{-t/\tau})}{R} \Rightarrow$$

$$i = \frac{U_0}{R} \cdot e^{-t/\tau}$$ Formel für den Ladestrom des Kondensators (Gleichung 1.5.4.5)

Der zeitliche Verlauf des Stromes beim Ladevorgang ist in Bild 71 wiedergegeben

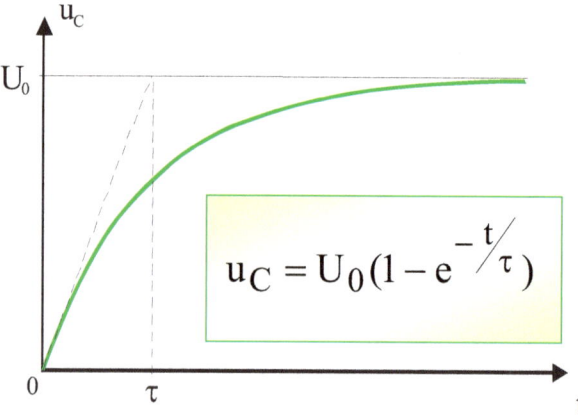

Bild 70: Spannungsverlauf am Kondensator beim Ladevorgang

G. Schmitz: Elektrotechnik für Ingenieurstudenten

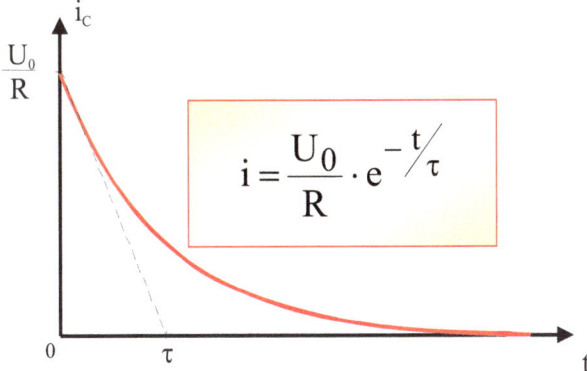

$$i = \frac{U_0}{R} \cdot e^{-t/\tau}$$

Bild 71: Stromverlauf am Kondensator beim Ladevorgang

Anmerkung zu den gezeigten Verläufen:

*Die jeweils eingezeichnete Tangente **der Anfangssteigung** schneidet die Linie des Endwertes jeweils bei der Zeit τ=RC. Man kann sich die Anfangssteigung bzw. die Tangente beim Laden auch herleiten, indem man davon ausgeht, dass über den gesamten Zeitraum der anfängliche Strom U_0/R die ganze Zeit fließen würde. Dann ergäbe das Integral des Stromes über einen Zeitraum von τ=RC gerade den Spannungswert U_0. Tatsächlich nimmt aber der Stromfluss in dem Maße ab, wie die Spannung am Kondensator steigt. Durch die steigende Spannung am Kondensator liegt nämlich weniger Spannung am Widerstand und dadurch ist der Stromfluss geringer. Auch bei unserem ursprünglichen Wassermodell mit dem Membranspeicher würde ja der Durchfluss langsam abnehmen, wenn der Gegendruck durch die sich spannende Membran größer wird und die Pumpe nur einen endlichen Druck aufbauen kann.*

Man erkennt aus dem Spannungsverlauf am Kondensator, dass die Spannung direkt am Kondensator (bei endlichem Strom) nicht springen kann.

Dies ist auch erkennbar aus dem Intergralausdruck: $u = \frac{1}{C} \int i \, dt$

Entladung des Kondensators

Um die Entladung von Kondensatoren zu untersuchen, modifizieren wir die Schaltung nach Bild 69 derart, dass die Spannungsquelle kurzgeschlossen wird, für die Berechnung die Spannung U_0 also einfach zu Null gesetzt wird (siehe Bild 72). Weiterhin führen wir einen Entladestrom i_e ein, der mit Sicherheit in der angenommen Richtung positiv sein wird. Damit wir aber mit den schon hergeleiteten Gleichungen weiterarbeiten können, belassen wir den Strom i_c im Schaltbild mit derselben Richtung, die er auch schon in der Ladeschaltung hatte. Die Ströme i_e und i_c sind also betragsmäßig gleich, haben aber ein umgekehrtes Vorzeichen.

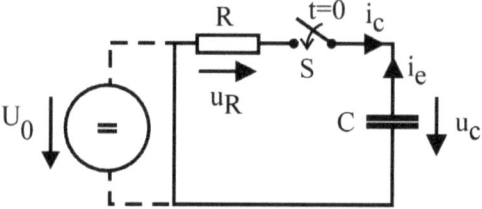

Bild 72: Schaltung für die Erklärung des Entladevorgangs beim Kondensator

Zur Analyse starten wir mit der allgemeinen Gleichung für diese Schaltung Gleichung 1.5.4.3 (auf Seite 63). Als Anfangsbedingung müssen wir dieses Mal einen geladenen Kondensator voraussetzen. Wir gehen davon aus, dass der Kondensator auf eine Spannung U_A aufgeladen ist:

$$u_C(t=0) = U_A$$

Außerdem gilt aufgrund des „Kurzschlusses": $U_0 = 0$

Setzen wir beides für den Zeitpunkt t=0 in die allgemeine Gleichung 1.5.4.3 ein, so erhalten wir:

$$u_C(t=0) = U_A = 0 + b \cdot e^0 \qquad \Rightarrow b = U_A$$

Somit können wir das neu gefundene b in die Gleichung 1.5.4.3 einsetzen und erhalten:

$$u_C = U_A \cdot e^{-t/\tau} \text{ als Formel für die Spannung am Kondensator beim Entladevorgang.}$$

Der Strom kann dann einfach berechnet werden aus der Spannung am Widerstand, die nun betragsmäßig gleich der Spannung am Kondensator sein muss. Dann gilt:

$$i_c = -\frac{u_C}{R} = -\frac{U_A}{R} \cdot e^{-t/\tau}$$

bzw. für den Strom i_e:

$$i_e = \frac{U_A}{R} \cdot e^{-t/\tau} \text{ (Strom beim Entladevorgang).}$$

Die grafischen Darstellungen der beiden Kurven sind in den folgenden Abbildungen wiedergegeben:

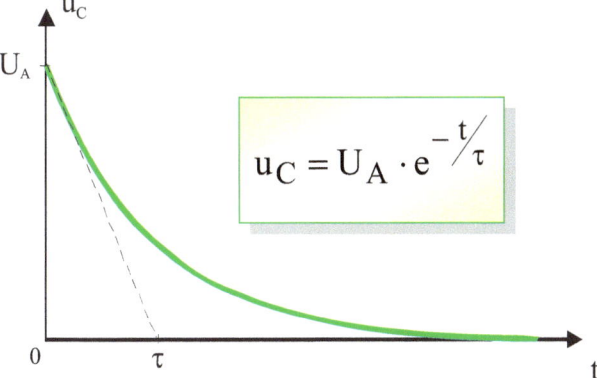

Bild 73: Spannungsverlauf am Kondensator bei dessen Entladung

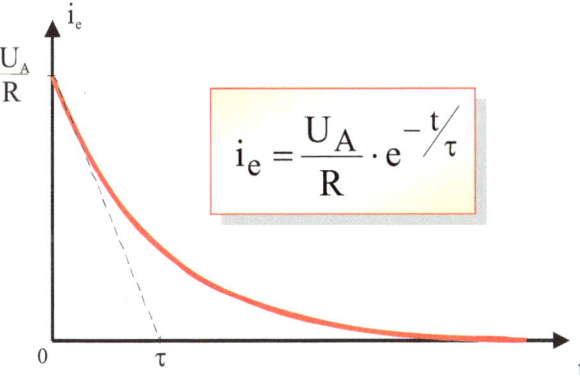

Bild 74: Stromverlauf bei Entladung des Kondensators

Die gespeicherte Energie des Kondensators kann über das Integral des Produktes aus Strom und Spannung (also der jeweiligen Momentanleistung) über der Zeit berechnet werden. Am einfachsten geschieht dies allerdings bei Annahme eines konstanten Lade- oder Entladestromes. Dabei ergibt sich dann:

$$W = \frac{1}{2}CU^2$$ für die in einem auf die Spannung U aufgeladenen Kondensator gespeicherte Energie

Anmerkung:

Die Art der Formel erinnert an andere Formeln für gespeicherte Energien, z.B.: W = ½mv² für die kinetische Energie einer Masse, W = ½cx² für die potentielle Energie einer Feder, usw. Dieser Zusammenhang lässt sich immer über das zugehörige Integral erklären und ist eigentlich recht logisch, wenn man einmal diese Integration ansieht als Fläche der Kurve der beteiligten Größen.

1.6 Die Spule, magnetische Wirkung des elektrischen Stromes

Es wird vorausgesetzt, dass die Grundlagen des Magnetismus aus der Physik bekannt sind. Im vorliegenden Kapitel sollen die Wechselwirkungen zwischen elektrischem Strom und Magnetismus untersucht werden und daraus die Wirkungsweise elektrischer Spulen abgeleitet werden.

1.6.1 magnetisches Feld eines stromdurchflossenen Leiters

Jeder stromdurchflossene Leiter ist von einem Magnetfeld umgeben (siehe Bild 75).

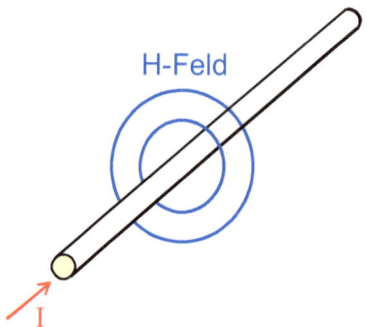

Bild 75: Magnetfeld (H) eines stromdurchflossenen Leiters

Wenn wir uns die Magnetfeldlinien in der Ebene ansehen wollen, so ist hierzu die Darstellung der Stromrichtung von entscheidender Bedeutung. Dazu gilt die Übereinkunft, dass bei Durchtritt des Stromes durch die Zeichenebene der Strom beim Heraustreten durch einen Kreis mit einem Punkt und beim Hineinfließen durch einen Kreis mit einem Kreuz dargestellt wird. Merken kann man sich dies durch die Analogie zu einem Pfeil, bei dem man einmal auf die Spitze schaut und einmal auf die „Schwanzfedern" (siehe Bild 76).

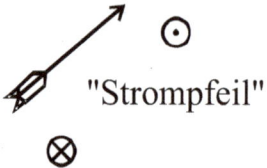

Bild 76: Darstellung des Stromes bei Durchtritt durch die Zeichen- Ebene

Es ergibt sich dann für die Darstellung des magnetischen Feldes (H-Feld) eine Abbildung gemäß Bild 77:

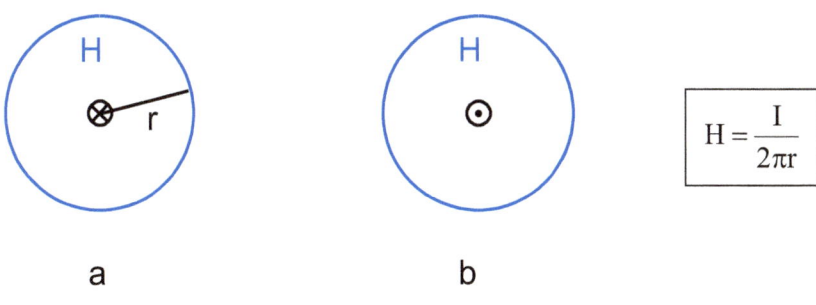

Bild 77: H-Feldlinien in der Ebene für

   a) einen in die Zeichenebene hineinfließenden Strom und

   b) einen aus der Ebene austretenden Strom

Die Richtung der Feldlinien des magnetischen H-Feldes kann man sich mit der **„Rechte-Hand-Regel"** merken: zeigt man mit dem Daumen in Richtung des Stromflusses, so zeigen die Finger in Richtung des H-Feldes. Die magnetische Feldstärke an jedem Ort im Abstand r des Leiters kann berechnet werden zu:

$$H = \frac{I}{2\pi r}$$

1.6.2 Kräfte im magnetischen Feld

Zwei nebeneinander liegende stromdurchflossenen Leiter üben aufeinander unterschiedliche Kräfte aus, die zum einen von der Größe des Stromes und des Abstandes, zum anderen aber auch von der Richtung des Stromflusses abhängen. Bei Stromfluss in unterschiedlichen Richtungen (Bild 78) stoßen sich die beiden Leiter ab (man anhand der Magnetfeldlinien, die die beiden Leiter erzeugen, sich zwei Magnete vorstellen, deren Magnetlinen in die gleiche Richtung zeigen, also die Nordpole auf der selben Seite haben).

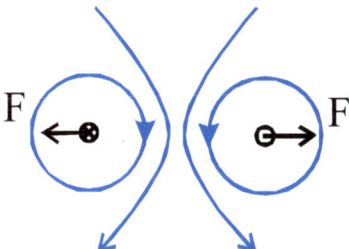

Bild 78: Kräfte zweier nebeneinander liegender Leiter bei Stromfluss in unterschiedlichen
   Richtungen

Dagegen ziehen sich zwei in gleicher Richtung durchflossenen Leiter gegenseitig an (Bild 79)

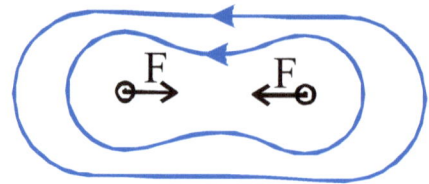

Bild 79: Kräfte zweier nebeneinander liegender Leiter bei Stromfluss in gleicher Richtung

Die Lorentzkraft

Wenn sich Ladungen in einem magnetischen Feld bewegen, so wirkt auf sie eine Kraft, die so genannte Lorentzkraft. Sie berechnet sich nach der Formel:

$$\vec{F} = Q \cdot \vec{v} \times \vec{B} \text{ (vektorielle Schreibweise)}$$

bzw. $\qquad F = Q \cdot v \cdot B$ wenn sich die Ladung senkrecht zum Magnetfeld bewegt.

Hierbei ist Q die Ladungsmenge, v die Geschwindigkeit und B die „Flussdichte des Magnetfeldes" auch bezeichnet als magnetische Induktion (siehe folgendes Kapitel).

Ein stromdurchflossener Leiter transportiert Ladungen. Somit wirkt auch auf einen stromdurchflossenen Leiter eine Lorentzkraft (siehe Bild 80). Sie berechnet sich zu:

$$\vec{F} = Q \cdot \vec{v} \times \vec{B} = Q \cdot \frac{\vec{l}}{t} \times \vec{B} = \frac{Q}{t} \cdot \vec{l} \times \vec{B} = I \cdot \vec{l} \times \vec{B}$$

Dabei ist l die Länge des Leiters, die dem Magnetfeld ausgesetzt ist.

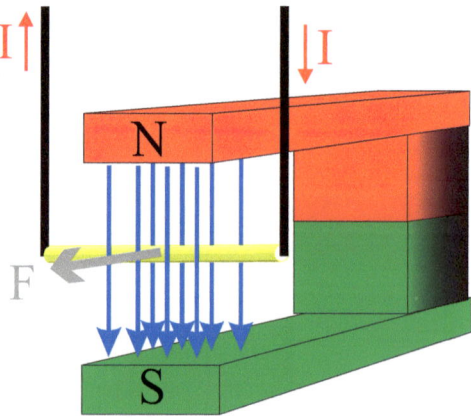

Bild 80: Kraft auf einen stromdurchflossenen Leiter im Magnetfeld (Lorentzkraft)

Befindet sich der Leiter nicht senkrecht zum Magnetfeld, so lässt sich die Kraft auch als Betrag durch folgende Formel berechnen:

$$F = I \cdot l \cdot B \cdot \sin(\alpha)$$

wobei α der zwischen Leiter und Magnetfeld gebildete Winkel ist und die sich ergebende Kraft senkrecht auf der von Magnetfeldlinien und Leiter aufgespannten Fläche steht.

Anmerkung:

Man kann sich die Richtung der Kraftwirkung verdeutlichen, wenn man die Feldlinien als Überlagerung der beiden Felder von Magneten und Leiter betrachtet (Bild 81).Dort wo die Feldlinien parallel verlaufen (im Bild auf der rechten Seite des Leiters) stoßen sich quasi die Nordpole und Südpole jeweils ab und sorgen für eine nach links gerichtete Kraft).Die Feldlinien heben sich bei der Überlagerung links vom Leiter teilweise auf und verstärken sich rechts vom Leiter.

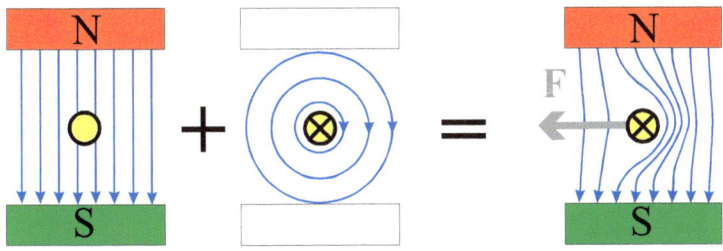

Bild 81: Kraftmodell auf eines stromdurchflossenen Leiters im Magnetfeld

Bei Bewegung eines elektrischen Leiters durch ein Magnetfeld wird eine elektrische Spannung induziert, wie wir in Kapitel 1.6.5 noch sehen werden. Bei einem geschlossenen Stromkreis ergibt sich somit ein Stromfluss, dessen Richtung sich man nach der Lenz'schen Regel merken kann.

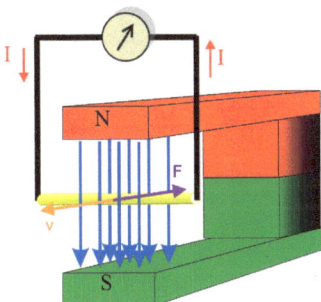

Bild 82: Die Lenz'sche Regel

Die Lenz'sche Regel ist ein 1834 durch Heinrich Lenz aufgestellter Zusammenhang, der besagt, dass der Induktionsstrom stets so gerichtet ist, dass er der Ursache seiner Entstehung entgegenwirkt

Die Lenzsche Regel sagt auch aus, dass der induzierte Strom eine Änderung des magnetischen Flusses zu verhindern sucht.

1.6.3 Die Spule

Wird ein Draht zu einer Spule aufgewickelt, so ergeben sich die magnetischen Feldlinien entsprechend Bild 83.

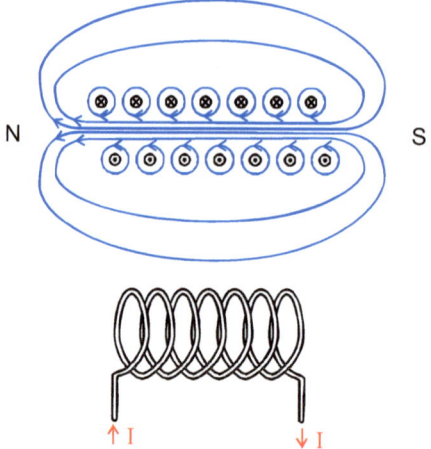

Bild 83: magnetische Feldlinien einer Spule

Die Felder der einzelnen Leiterschleifen überlagern sich und ergeben im Innern der Spule ein praktisch homogenes Magnetfeld. Die Seite der Spule, zu der die Feldlinien hinzeigen, ist dabei der Nordpol, die andere der Südpol des durch die Spule gebildeten Elektromagneten. Das kann man sich mit der „Rechte Hand Regel II" merken: mit den Fingern der rechten Hand bildet man den Stromfluss durch die Windungen der Spule nach. Dann zeigt der Daumen in die Nordrichtung des Magneten.

Die magnetische Feldstärke im Innern der Spule ergibt sich bei einer sehr langen Spule mit der Länge **l** und **n** Windungen zu:

$$H \approx \frac{n \cdot I}{l} \quad \text{mit} \quad n \cdot I = \Theta \quad \text{also} \quad H \approx \frac{\Theta}{l}$$

θ ist dabei die so genannte **elektrische Durchflutung**. Demgemäß lässt sich der gleiche Effekt (das gleiche Feld) erzielen mit wenigen Windungen und viel Strom oder mit vielen Windungen und wenig Strom. Die Einheit der Durchflutung ist Ampere, da die Anzahl der Windungen n dimensionslos ist.

Als Einheit von H ergibt sich dann: $$[H] = \frac{A}{m}$$

Schließen wir die Spule mit Hilfe eines Ringkerns (siehe Bild 84), so lässt sich H exakt berechnen:

G. Schmitz: Elektrotechnik für Ingenieurstudenten © Copyright 2013

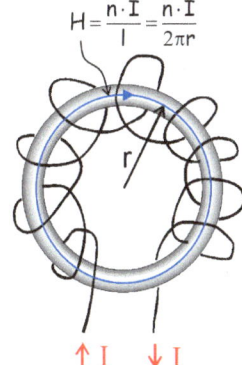

$$H = \frac{n \cdot I}{l} = \frac{n \cdot I}{2\pi r}$$

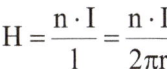

$$H = \frac{n \cdot I}{l} = \frac{n \cdot I}{2\pi r}$$

Bild 84: Verwendung eines Ringkerns

Nun kann man sich leicht vorstellen, dass es einen großen Unterschied ausmacht, ob dieser Ringkern beispielsweise aus Eisen oder aber aus Luft besteht. Im Eisen, einem „magnetischen" Werkstoff, werden die Magnetfelder konzentriert, es ergibt sich ein größerer magnetischer Fluss. Um diesen Effekt zu berücksichtigen führen wir als neue Größe die **magnetische Induktion B** ein. Der Zusammenhamg zwischen der magnetischen Feldstärke H und der magnetischen Induktion B wird durch die Materialeigenschaft μ, der Permeabilität beschrieben:

$$B = \mu \cdot H$$

Die Permeabilität des Vakuums μ_0 wird auch als magnetische Feldkonstante bezeichnet und beträgt:

$$\mu_0 = 4\pi \cdot 10^{-7} \frac{Vs}{Am}$$

Für andere Stoffe wird dann eine relative Permeabilität μ_r eingeführt:

$$\mu = \mu_r . \mu_0 \quad \text{also ergibt sich} \quad B = \mu_r . \mu_0 \cdot H$$

Diese relative Permeabilität kann für ferromagnetische Stoffe (wie z.B. Eisen) recht hohe Werte von 1000 bis über 100 000 erreichen. Weiterhin unterscheidet man bei den „unmagnetischen" Stoffen zwischen den diamagnetischen und den paramagnetischen Stoffen. Beide Stoffgruppen haben relative Permeabilitätswerte um die 1, wobei für diamagnetische $\mu_r < 1$ und für die paramagnetischen $\mu_r > 1$ gilt. Diamagnetische Stoffe sind z.B. Kupfer ($\mu_r = 0,9999926$), Silber, Gold und auch Wasser ($\mu_r = 0,999991$). Zu den paramagnetischen zählen Platin, Aluminium ($\mu_r = 1,000021$) und Sauerstoff ($\mu_r = 1,000002$). Weiterhin gibt es noch den Ferrimagnetismus (schwach ferromagnetisch) und den Antiferromagnetismus (μ_r etwas größer als 1).

Zurück zu den ferromagnetischen Stoffen, die für den Elektromagnetismus eine entscheidende Rolle spielen. Hierbei ist zu beachten, dass das μ_r keineswegs konstant ist und unabhängig vom Magnetfeld, sondern es ändert vielmehr seinen Wert abhängig vom Magnetfeld. Wäre μ_r konstant, so ergäbe sich für den Zusammenhang zwischen B und H eine Gerade. Tatsächlich spielen jedoch Sättigungseffekte (siehe Bild 85)und Restmagnetisierungen eine Rolle.

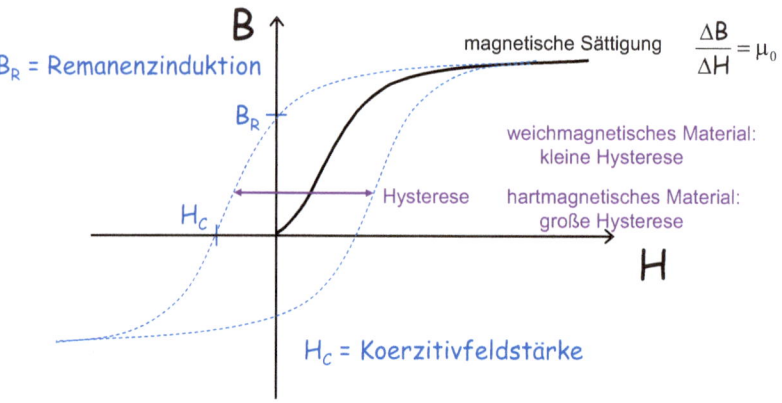

Bild 85: Zusammenhang zwischen magnetsicher Induktion B und magnetischer Feldstärke H
bei ferromagnetischen Materialien

Die Einheit der magnetischen Induktion kann aus der Formel B = $\mu \cdot$H abgeleitet werden:

$$[B]=[\mu \cdot H]=\frac{Vs}{Am}\cdot\frac{A}{m}=\frac{Vs}{m^2}=T \quad (Tesla)$$

Anmerkung: Die Sättigungsinduktion liegt bei ferromagnetischen Materialen in der Größenordnung von ca. 1Tesla). Eine genauere Übersicht über einige Materialien zeigt Bild 86.

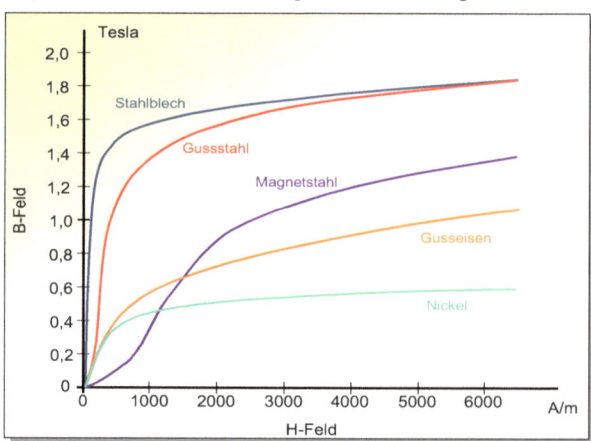

Bild 86: Beispiele für die Abhängigkeit der Induktion B von der magnetischen Feldstärke H
bei einigen ferromagnetischen Materialien

G. Schmitz: Elektrotechnik für Ingenieurstudenten

Es gibt unterschiedliche Arten des Magnetismus. Die folgende Tabelle stellt diese Arten mit einigen Materialbeispielen dar:

Art des Magnetismus	Bereich von μ_r	Beispiel für Material	Bemerkung
Ferromagnetismus	100 – 100.000	Eisen (μ_r>1000) Nickel, Kobalt	Weichmagnetisch (kleine Remanenz)
Diamagnetismus	μ_r <1	Kupfer (μ_r = 0,9999926), Silber, Gold Wasser (μ_r = 0,999991) Stickstoff	
Paramagnetismus	μ_r >1	Edelstahl Platin Aluminium (μ_r = 1,000021) Sauerstoff (μ_r = 1,000002)	
Ferrimagnetismus (schwach ferromagnetisch)	10 -100	Eisengranate Ferrite	Mischform zwischen Ferro- und Antiferromagneten
Antiferromagnetismus	μ_r etwas größer als 1	Oxide der Ferromagnete	

Anstelle von μ_r wird insbesondere bei Werten nahe 1 die sogenannte Suszeptibilität verwendet:

$\chi = \mu_r - 1$. *Beispiel: Aluminium* $\mu_r = 1,000021 \Rightarrow \chi = \mu_r - 1 = 2,1 \cdot 10^{-5}$

1.6.4 magnetischer Fluss

Das Integral der magnetischen Induktion, die eine Fläche A durchsetzt, wird als **magnetischer Fluss ϕ** bezeichnet. Wenn wir in Bild 87 die im Innern des Kerns mit der Fläche A konzentrierten Magnetfelder betrachten, kann der Fluss aus dem Produkt der Fläche und der magnetischen Induktion B berechnet werden:

$$\Phi = B \cdot A$$

Der magnetische Fluss ϕ hat die Dimension:

$$[\Phi] = [B \cdot A] = \frac{Vs}{m^2} \cdot m^2 = Vs$$

Die Einheit Voltsekunde wird auch als Weber bezeichnet.

Anmerkung:

Da die magnetische Induktion B auch als Fluss pro Fläche ausgedrückt werden kann, bezeichnet man B auch als die magnetische „Flussdichte".

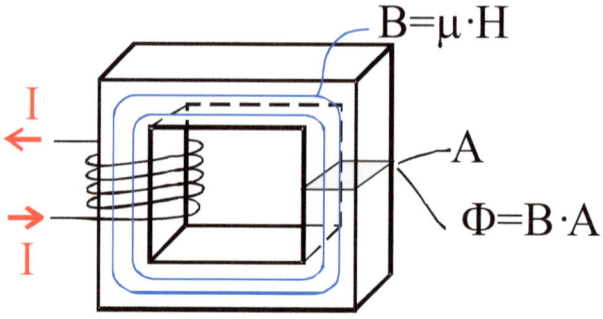

Bild 87: Zusammenhang zwischen magnetischer Induktion B und dem magnetischen Fluss ϕ.

Anmerkung: Neben den hier angegebenen Größen arbeitet man auch mit dem Begriff des magnetischen Widerstandes R_m. Der magnetische Widerstand wird aus dem Quotienten zwischen der Durchflutung θ und dem magnetischen Fluss ϕ gebildet:

$$R_m = \frac{\Theta}{\Phi}$$

Er wird verwendet zur Berechnung zusammengesetzter magnetischer Kreise. nach Einsetzen von θ = H·l und ϕ = B·A = μ·H·A ergibt sich nach Kürzen von H:

$$R_m = \frac{\Theta}{\Phi} = \frac{1}{\mu \cdot A} = \frac{1}{\mu_r \cdot \mu_0 \cdot A}$$

In Analogie zum elektrischen Stromkreis wird der „Spannungsabfall" am magnetischen als magnetische Spannung V_m bezeichnet. Ein Maschenumlauf im magnetischen Kreis ergibt dann, dass die Summe aller magnetischen Spannungen V_m gerade der Durchflutung θ entspricht. Dies ergibt sich aus dem Durchflutungsgesetz:

$$\oint \vec{H} d\vec{s} = \sum I = \Theta \quad und\ der\ Definition\ der\ magnetischen\ Spannung: \quad V_{m12} = \int_1^2 \vec{H} d\vec{s}$$

Die exakte Betrachtungsweise eines magnetischen Kreises ergibt also θ = $H_1·l_1$+ $H_2·l_2$ + $H_3·l_3$ +..., was sich auch schreiben lässt als θ = V_{m1}+ V_{m2} + V_{m3}... . Dabei lassen sich die magnetischen Spannungen wiederum durch das Produkt aus magnetischem Widerstand und magnetischem Fluss ausdrücken und einsetzen: θ = $R_{m1}·ϕ_1$ + $R_{m2}·ϕ_2$ + $R_{m3}·ϕ_3$ + ... Ist der Fluss im gesamten magnetischen Kreis gleich (Annahme kein Streufluss)ergibt sich: θ = (R_{m1} + R_{m2} + R_{m3}+...) ·ϕ . Somit kann der magnetische Fluss aus der Durchflutung berechnet werden:

$$\Phi = \frac{\Theta}{R_{m1} + R_{m2} + R_{m3} + ...} = \frac{\Theta}{\frac{l_1}{\mu_1 \cdot \mu_0 \cdot A_1} + \frac{l_1}{\mu_2 \cdot \mu_0 \cdot A_2} + \frac{l_1}{\mu_3 \cdot \mu_0 \cdot A_3} + ...}$$

bzw. bei Gleichheit der Flächen:

$$\Phi = \frac{\Theta \cdot \mu_0 \cdot A}{\frac{l_1}{\mu_1} + \frac{l_1}{\mu_2} + \frac{l_1}{\mu_3} + ...}$$

Im englischen heißt die Durchflutung magnetomotive force, während der magnetische Fluss als (magnetic) flux bezeichnet wird.

　　　　G. Schmitz: Elektrotechnik für Ingenieurstudenten

1.6.5 Induktionsgesetz

Wir haben nun gesehen, dass der Stromfluss durch eine Spule ein Magnetfeld aufbaut. Wir kennen dies auch vom Elektromagneten. Wir wissen aber vom Dynamo, dass man mit Hilfe von Magnetfeldern auch Spannungen erzeugen kann. Dem liegt das **Induktionsgesetz** zugrunde (siehe Bild 88).

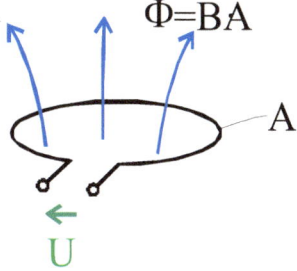

Bild 88: Leiterschleife im Magnetfeld mit induzierter Spannung U

Betrachtet man eine Leiterschleife, die von einem Magnetfeld durchsetzt wird, und untersucht die Spannung, die an den Klemmen gemessen werden kann, so findet man den Zusammenhang:

$$U = \frac{d\Phi}{dt}$$

Die in der Leiterschleife induzierte Spannung hängt also von der Änderung des magnetischen Flusses ab! Solange es sich um ein statisches Feld handelt, wird auch keine Spannung induziert. Wir kenn das auch aus dem täglichen Leben: ein Fahrraddynamo liefert natürlich keine Spannung, wenn sich nichts bewegt.

Merke auch: Es ist nur das B-Feld entscheidend, das die Leiterschleife durchsetzt. Ein Feld, das um die Leiterschleife herum existiert, hat keine Auswirkung auf die induzierte Spannung.

Anmerkung: Die induzierte Spannung wird im Erzeugerzählpfeilsystem meist mit negativem Vorzeichen versehen, also: $U = -\frac{d\Phi}{dt}$ *Dies soll verdeutlichen, dass die Spannung einem Stromfluss entgegenwirkt. Hierzu müsste der Spannungspfeil in Bild 88 herumgedreht werden.*

Werden mehrere Windungen (n) vom gleichen Fluss ϕ durchsetzt (siehe Bild 89), so ergibt sich als gesamte Spannung an den Klemmen der Spule:

$$U = n \cdot \frac{d\Phi}{dt}$$

Dies ist auch leicht einzusehen, da die Windungen quasi in Reihe geschaltet sind und sich somit die Einzelspannungen einer jeden Windung addieren.

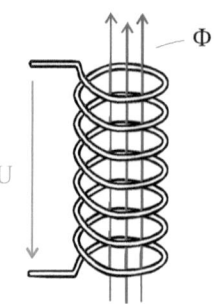

Bild 89: Spannung an Spule mit n Windungen

Anmerkung: Eine alternative Darstellung stellt der sogenannte verkettete Fluss dar. dabei wird angenommen, dass die Spannung an einer Windung entsteht, die insgesamt n mal vom Fluss ϕ durchsetzt wird. Diese Produkt aus n und ϕ wird als der verkettete Fluss Ψ bezeichnet also:

$\Psi = n \cdot \Phi$ *somit ergibt sich für die Spannung:* $U = \dfrac{d\Psi}{dt}$

1.6.6 Induktivität der Spule

Nun haben wir nach Umweg vom Strom über die magnetischen Größen wiederum eine elektrische Größe, die Spannung erhalten. Setzt man nun nacheinander alle Gleichungen ineinander ein, so erhält man den Zusammenhang zwischen Strom und Spannung an einer Spule. Für die (lange) Zylinderspule ergibt sich damit dann:

$$\Phi = B \cdot A = \mu \cdot H \cdot A = \mu \cdot \frac{n \cdot I}{l} \cdot A \quad \text{und aus} \quad U = n \cdot \frac{d\Phi}{dt}$$

$$U = n \cdot \frac{d\Phi}{dt} = n \cdot \frac{d(\mu \cdot \frac{n \cdot I}{l} \cdot A)}{dt} = n \cdot \mu \cdot \frac{n}{l} \cdot A \cdot \frac{dI}{dt}$$

Der letzte Schritt konnte erfolgen, da der Strom I die einzige Größe ist, die von der Zeit abhängt. Somit kann der Rest als Konstante betrachtet werden und vor die Ableitung gezogen werden.

Diese Konstante hängt offensichtlich von der Bauart der Spule ab, also den mechanischen Abmessungen, der Windungszahl und dem verwendeten Magnetkern. Diese Konstante wird als Induktivität der Spule L bezeichnet. Zeitlich veränderliche Größen werden in der Elektrotechnik üblicherweise mit Kleinbuchstaben bezeichnet. Somit schreiben wir nun die Gleichung:

$$U = L \cdot \frac{di}{dt}$$

mit $L = n^2 \cdot \mu \cdot \dfrac{A}{l}$ als Induktivität der langen Spule. L hat dabei die Dimension:

G. Schmitz: Elektrotechnik für Ingenieurstudenten

$$[L] = \left[n^2 \cdot \mu \cdot \frac{A}{l} \right] = \frac{Vs}{Am} \cdot \frac{m^2}{m} = \frac{Vs}{A}$$

Diese Einheit wird auch als Henry (H) bezeichnet. Also gilt:

$$1H = 1\frac{Vs}{A}$$

1.6.7 Bauformen der Spule

Spulen finden in vielen Bereichen der Elektrotechnik, aber auch der Energiewandlung Verwendung. Als Bauelemente für Schwingkreise und Filter werden Sie in Hochfrequenzschaltungen eingesetzt. In Transformatoren sorgen sie für die Wandlung von hohen in niedrige Spannungen und umgekehrt. Zur Erzeugung hoher Spannungen werden sie auch als Zündspule eingesetzt. In Motoren und Generatoren sind sie die wesentlichen Bauelemente. Auch in Form von Elektromagneten dienen sie zur Wandlung von elektrische in mechanische Energie. Als Sensoren finden sie sich in Drehzahlsensoren, induktiven Näherungsschaltern und Metallsuchern. Im MRT (Kernspintomograph) dienen sie zur Erzeugung eines starken Magnetfeldes mit einem überlagerten Gradientenfeld zur genauen Ortsauflösung der untersuchten Volumenelemente des Gewebes (Voxel). In Bild 90 sind einige Bauformen von Spulen wiedergegeben. Meist enthalten die Spulen einen Kern (Bild 91), der zur Vermeidung von Wirbelströmen geblecht oder als Ferrit ausgebildet sein kann (dazu später in Kapitel 2.4).

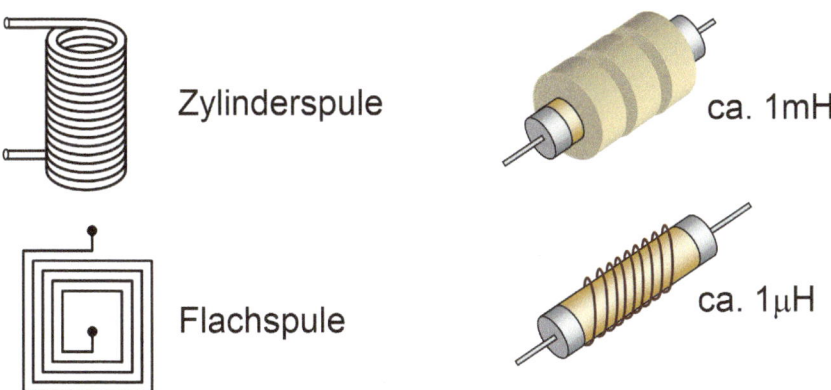

Bild 90: Verschiedene Bauformen der Spulenwicklung

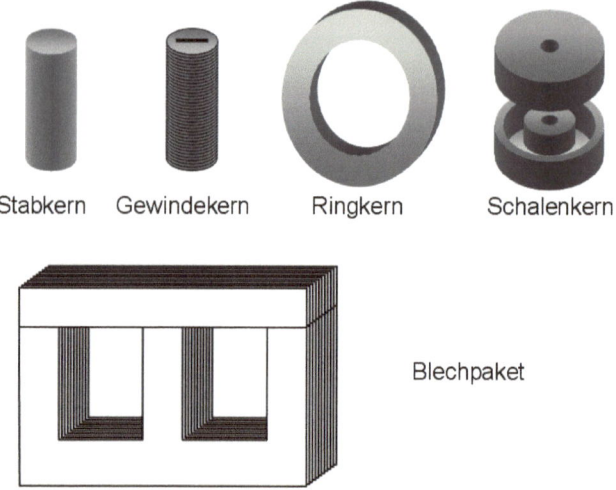

Stabkern   Gewindekern   Ringkern   Schalenkern

Blechpaket

Bild 91: Ferritkerne und Blechkern zur Erhöhung der Induktivität bei gleichzeitig kleinen Wirbelströmen

1.6.8 Die Spule im Gleichstromkreis

Nun wollen wir uns das Verhalten einer Spule im Gleichstromkreis ansehen. Dazu schalten wir sie über einen Widerstand an eine Spannungsquelle (Bild 92):

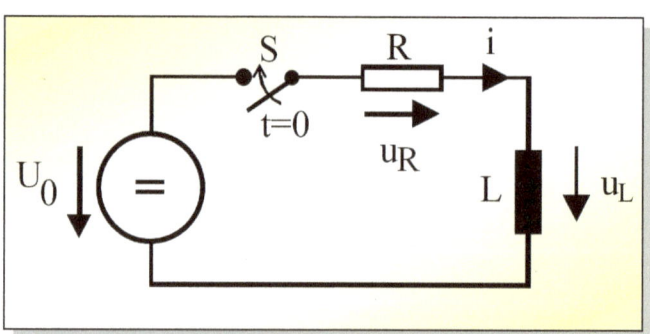

Bild 92: Spule im einfachen Gleichstromkreis

Zunächst soll diese Schaltung allgemein analysiert werden. Ein Maschenumlauf führt zu:

$$U_0 = u_R + u_L = R \cdot i + u_L \quad \text{mit} \quad u_L = L \cdot \frac{di}{dt} \quad \text{Gleichung 1.6.8.0}$$

$$U_0 = R \cdot i + L \cdot \frac{di}{dt} \quad \text{(Differenzialgleichung 1.Ordnung) Gleichung 1.6.8.1}$$

Lösungsansatz:

$$i = a + b \cdot e^{c \cdot t} \qquad \text{(Gleichung 1.6.8.2)}$$

Einsetzen in Gleichung 1.6.8.1 ergibt:

$$U_0 = a \cdot R + b \cdot R \cdot e^{c \cdot t} + L \cdot \frac{d(a + b \cdot e^{c \cdot t})}{dt} = a \cdot R + b \cdot R \cdot e^{c \cdot t} + L \cdot c \cdot b \cdot e^{c \cdot t}$$

Da die Gleichung für alle Zeiten t erfüllt sein muss, müssen die zeitabhängigen Terme unabhängig von den zeitabhängigen Termen die Gleichung erfüllen. Somit kann man die Gleichung aufspalten in zwei Teilgleichungen:

zeitunabhängige Terme: $\qquad a \cdot R = U_0 \Rightarrow a = \dfrac{U_0}{R}$ (Diese Lösung ergibt sich auch für

$t \to -\infty$)

zeitabhängige Terme: $\qquad b \cdot R \cdot e^{c \cdot t} = -L \cdot c \cdot b \cdot e^{c \cdot t}$

nach Kürzen ergibt sich: $\qquad R = -L \cdot c \Rightarrow c = -\dfrac{R}{L}$

Die Dimension von R/L ergibt sich zu: $[\dfrac{R}{L}] = \dfrac{V/A}{Vs/A} = s^{-1}$

Vom Kondensator wissen wir schon, dass dort die Konstante c auch als $c = -\dfrac{1}{\tau}$ geschrieben werden

kann und erhalten so für die Zeitkonstante:

$$\tau = \frac{L}{R}$$

somit ergibt sich nach Einsetzen der bisher gefundenen Konstanten a und c in den Lösungsansatz (Gleichung 1.5.4.2):

$$i = \frac{U_0}{R} + b \cdot e^{-t/\tau} \qquad \text{(allgemeine Gleichung unabh. vom Anfangszustand, Gleichung 1.6.8.3)}$$

Einschaltverhalten der Spule

Für das Einschalten der Spule muss nun die Anfangsbedingung berücksichtigt werden, dass der Strom durch die Spule zu Anfang Null ist, also:

Anfangszustand: $i(t=0)=0$ (Schalter schließt bei t = 0)

Diese Bedingung eingesetzt in Gleichung 1.6.8.3 ergibt:

$$0 = i(0) = \frac{U_0}{R} + b \cdot e^{-t=0/\tau} = \frac{U_0}{R} + b \cdot 1 \Rightarrow b = -\frac{U_0}{R}$$

Wenn wir die letzte gefundene Konstante b nun einsetzen in die allgemeine Gleichung 1.6.8.3, so ergibt sich:

$$i = \frac{U_0}{R} - \frac{U_0}{R} \cdot e^{-t/\tau} \qquad \text{bzw. nach ausklammern:}$$

$$i = \frac{U_0}{R}(1 - e^{-t/\tau}) \quad \text{(Gleichung 1.6.8.4)}$$

die Formel für den „Lade"vorgang der Spule

Der zeitliche Verlauf des Stromes beim Ladevorgang ist in Bild 93 wiedergegeben. Dabei stellt $\frac{U_0}{R}$ einen Strom dar, und zwar den Strom, der sich nach unendlich langer Zeit einstellt. (Dieser Strom würde sich in dem Stromkreis auch dann einstellen, wenn die Spule nicht vorhanden wäre).

Die zugehörige Spannung können wir berechnen aus Gleichung 1.6.8.0, indem wir den nun gefundenen Strom aus 1.6.8.4 einsetzen:

$$U_0 = u_R + u_L = R \cdot i + u_L = R \cdot \frac{U_0}{R}(1 - e^{-t/\tau}) + u_L$$

$$\Rightarrow u_L = U_0 - U_0 - U_0 \cdot (-e^{-t/\tau}) \Rightarrow$$

$$u_L = U_0 \cdot e^{-t/\tau}$$

Formel für den Spannungsverlauf an der Spule beim „Laden" der Spule (Gleichung 1.6.8.5)

Der zeitliche Verlauf der Spannung beim Ladevorgang ist in Bild 94 wiedergegeben

G. Schmitz: Elektrotechnik für Ingenieurstudenten

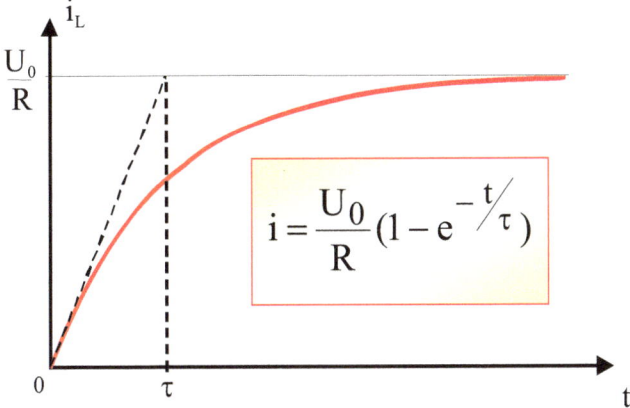

Bild 93: Stromverlauf in der Spule beim „Lade"vorgang

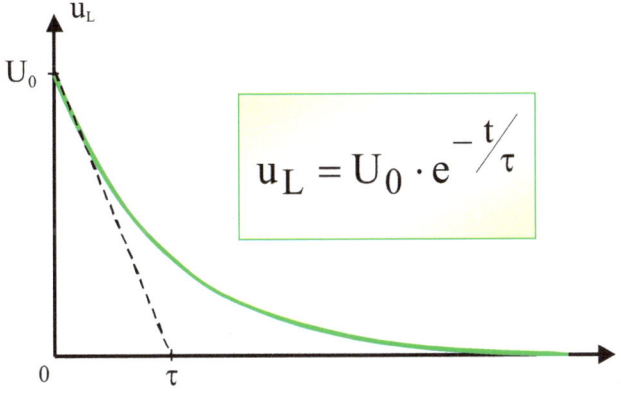

Bild 94: Spannung an der Spule beim „Lade"vorgang

Man erkennt aus dem Stromverlauf an der Spule, dass der Strom (bei endlicher Spannung) nicht springen kann.

Dies ist auch erkennbar aus dem Intergralausdruck: $i = \dfrac{1}{L} \int u\,dt$

„Entladung" der Spule

Aus dieser Tatsache wird deutlich, dass etwas merkwürdiges passiert, wenn wir den Schalter in (Bild 92 öffnen. Wir hatten gerade noch festgestellt, dass der Strom nicht springen kann (bei endlicher Spannung), also auch nicht von einem endlichen Wert auf Null. Wie baut sich dann der Strom ab? Tatsächlich würde bei einem praktischen Experiment die Spannung sprunghaft ansteigen und es würde ein Funke überspringen zwischen den Kontakten des Schalters. Dieser Funke hat eine endliche

„Brennspannung" bei der sich dann ein Energieverlust einstellt und der Strom so dann schnell, aber nicht in der Zeit Null abgebaut wird.

Anmerkung: Dieser Effekt wird bei der Verwendung von Spulen als „Zündspulen" genutzt.

Wenn wir den Entladevorgang unter kontrollierten Bedingungen ablaufen lassen wollen, sollten wir eine Entlademöglichkeit der Spule über einen Widerstand betrachten. Hierzu können wir im einfachsten Fall den selben Widerstand verwenden, den wir für den Ladevorgang verwendet haben. Aus dem Schalter machen wir einen Schalter, der in unendlich kurzer Zeit umschalten kann auf einen Kontakt, der die Spannungsquelle „umgeht" (Bild 95).

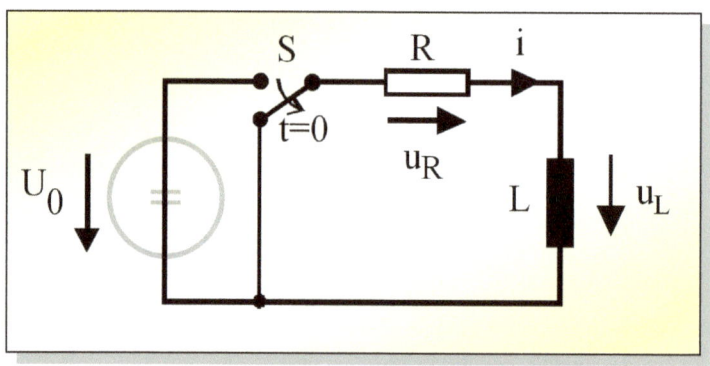

Bild 95: Schaltung für die Erklärung des Entladevorgangs bei der Spule

Zur Analyse starten wir mit der allgemeinen Gleichung für diese Schaltung Gleichung 1.6.8.3. Als Anfangsbedingung müssen wir dieses Mal eine bereits von einem Anfangsstrom I_A durchflossene Spule voraussetzen:

$$i(t = 0) = I_A$$

Außerdem gilt aufgrund des „Kurzschlusses": $U_0 = 0$

Setzen wir beides für den Zeitpunkt t=0 in die allgemeine Gleichung 1.6.8.3 ein, so erhalten wir:

$$i(t = 0) = I_A = 0 + b \cdot e^{-t/\tau} \qquad \Rightarrow b = I_A$$

Somit können wir das neu gefundene b in die Gleichung 1.6.8.3 einsetzen und erhalten:

$i = I_A \cdot e^{-t/\tau}$ als Formel für den Strom der Spule beim Entladevorgang (Bild 96).

Die Spannung kann dann einfach berechnet werden aus dem Strom durch den Widerstand, die nun betragsmäßig gleich der Spannung an der Spule sein muss. Dann gilt:

G. Schmitz: Elektrotechnik für Ingenieurstudenten   © Copyright 2013

$$u_L = -R \cdot i = -R \cdot I_A \cdot e^{-t/\tau}$$

also ist die Spannung an der Spule negativ! (siehe auch Bild 97) Die Spule wirkt nun als Energiequelle, die zunächst noch versucht, den Strom aufrecht zu erhalten.

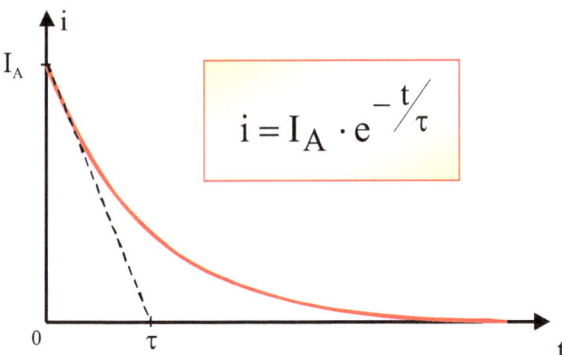

Bild 96: Stromverlauf an der Spule bei „Entladung" der Spule

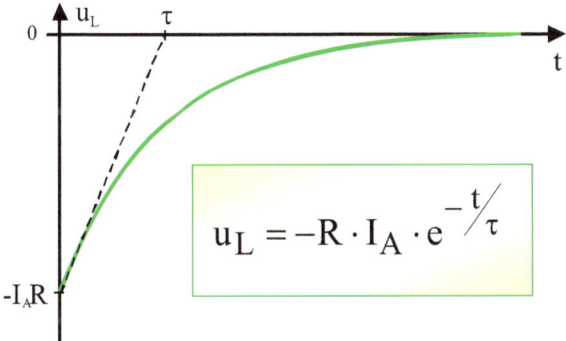

Bild 97: Spannungsverlauf an der Spule bei „Entladung" der Spule

Zu beachten ist bei der Berechnung des „Entladevorganges", dass bei Verwendung eines anderen Widerstandes bei der Entladung sich eine andere (auch deutlich höhere) Spannung einstellen kann als beim Ladevorgang. Diesen Effekt macht man sich auch zunutze bei DC/DC-Wandlern, die aus einer kleinen Gleichspannung eine größere machen.

Die gespeicherte Energie einer vom Strom I durchflossenen Spule ergibt sich analog zum Kondensator:

$$W = \frac{1}{2}LI^2$$

1.6.9 Analogie zum Wasserkreislauf

Auch bei der Spule lässt sich wieder eine Analogie im Wasserkreislauf finden (Bild 98).

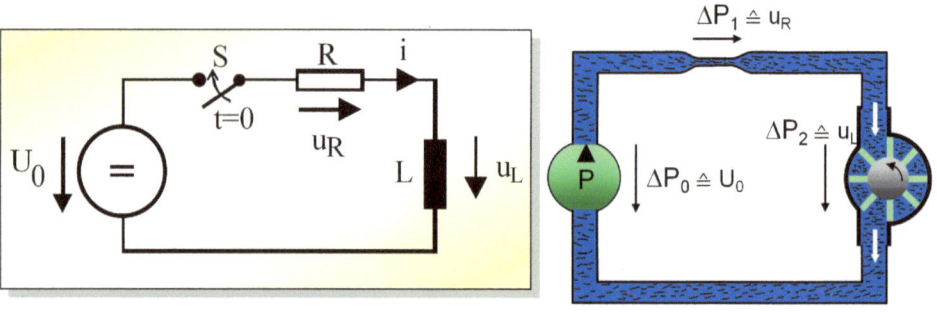

Bild 98: Analogie zum Wasserkreislauf

Die folgende Tabelle vergleicht die Verhältnisse an der Spule im Stromkreis mit einer Turbine im Wasserkreis.

Die Spannungsquelle liefert die Spannung U_0	Die Pumpe P liefere einen Druck ΔP_0.
• Der Strom durch die Spule ist zunächst Null, das Magnetfeld muss zunächst aufgebaut werden.	• Das Rad der Turbine steht zunächst still, es fließt kein Wasser, da das Turbinenrad mit seinem Trägheitsmoment J erst beschleunigt werden muss.
• Der Spannungsabfall u_R am Reihenwiderstand R ist wegen des fehlenden Stromflusses zunächst Null $\Rightarrow u_L(t=0) = U_0$, die gesamte Spannung liegt an der Induktivität.	• Der Differenzdruck ΔP_1 am Strömungswiderstand ist Null $\Rightarrow \Delta P_2(t=0) = \Delta P_0$, der gesamte Pumpendruck wirkt auf die Turbine.
• Der Strom durch die Induktivität steigt, bis der Endwert $I = U_0/R$ erreicht ist.	• Die Drehzahl der Turbine steigt, bis ein Gleichgewicht erreicht ist.
• Wird der Stromfluss plötzlich unterbrochen, steckt noch Energie im Magnetfeld. Die Spule versucht den Strom aufrecht zu halten und wird im elektrischen Kreis selber zur Quelle	• Wird die Pumpe plötzlich gestoppt, so versucht die Turbine aufgrund ihres Trägheitsmomentes, den Wasserfluss aufrecht zu erhalten (bis die Energie abgebaut ist).

1.6.10 Die reale Spule

Bisher haben wir die Spule lediglich mit ihren (idealisierten) magnetischen Eigenschaften betrachtet. Spulen sind aus elektrischen Leitern mit einem endlichen Widerstand aufgebaut. Somit muss bei der exakten Betrachtung der Spule immer noch der Widerstand des verwendeten Drahtes berücksichtigt werden. Dieser Widerstand hat einen Spannungsabfall zur Folge, der sich zu der Spannung an der Induktivität addiert. Somit kann die reale Spule als Reihenschaltung aus ihrer Induktivität und ihrem Drahtwiderstand betrachtet werden (Bild 99).

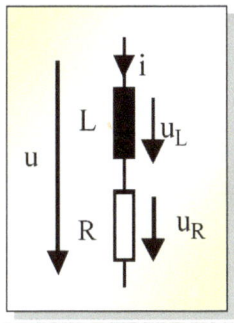

Induktivität

Gleichstromwiderstand

Bild 99: einfaches Ersatzschaltbild einer realen Spule

Den ohmschen Widerstand der Spule kann man auch bei Verwendung von Gleichstrom messen, d.h. man legt eine Spannung an und wartet ab, bis der Strom seinen Endwert erreicht hat. Dann ergibt der Quotient aus Spannung und Strom den ohmschen Anteil, den sogenannten Gleichstromwiderstand.

Man erkennt dies, wenn man den Strom als konstant annimmt und dann für die Spannung u an der Reihenschaltung nach Bild 99 erhält:

$$u = u_L + u_R = L \cdot \frac{di}{dt} + R \cdot i = 0 + R \cdot i \Rightarrow R = \frac{u}{i}$$

Neben den Ohmschen Verlusten gibt es noch Verluste durch Wirbelströme sowie Hystereverluste durch Ummagnetisierung des Kernmaterials. Will man diese Verluste noch berücksichtigen, ergibt sich ein deutlich komplexeres Ersatzschaltbild. Weiterhin ergeben sich Nichtlinearitäten, die ebenfalls in das Ersatzschaltbild einfließen können. Derartige komplexe Ersatzschaltbilder würden jedoch den Rahmen dieser Vorlesung sprengen, so dass hier nicht weiter darauf eingegangen wird. Es sei wohl noch erwähnt, dass sowohl aufgrund der vielen nichtidealen Eigenschaften der Spulen als auch aufgrund der Fertigungsaspekte Spulen in Schaltungen wo möglich weitgehend vermieden werden.

1.6.11 Symbole von Spulen

Da Spulen in den unterschiedlichsten Anwendungen eingesetzt werden, gibt es auch viele verschiedene Darstellungsarten von Spulen.

Das in dieser Vorlesung verwendete Symbol für die Induktivität ist in Bild 100a dargestellt. Dabei ist vom Prinzip her nicht zu erkennen, ob hierbei eine reine Induktivität gemeint ist, oder ob die gesamte Spule inklusive des Spulenwiderstandes gemeint ist. Bei technischen Schaltplänen ist üblicherweise die gesamte Spule gemeint während bei der mehr „wissenschaftlich" orientierten Darstellung nur der induktive Anteil gemeint ist. In Bild 100b ist das neue Normsymbol nach DIN bzw. IEC617 dargestellt. Eine Darstellung für eine Spule mit Eisenkern zeigt Bild 100c (altes Symbol: Bild 100g).

Bild 100d. Bild 100d, e und f zeigen Darstellungen von Transformatoren (siehe hierzu auch Kapitel 2.4). Die Punkte zeigen den Wicklungssinn der einzelnen Wicklungen an, können aber auch entfallen.

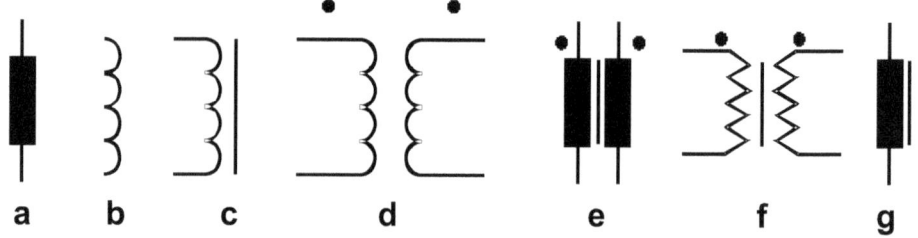

| a | b | c | d | e | f | g |

Bild 100: Symbole für Spulen

1.6.12 Reihen- und Parallelschaltung von Induktivitäten

Reihenschaltung von Induktivitäten

Die Formel für die Reihenschaltung von Spulen kann wie bei den Widerständen durch Auswerten der Spannungsgleichungen abgeleitet werden.

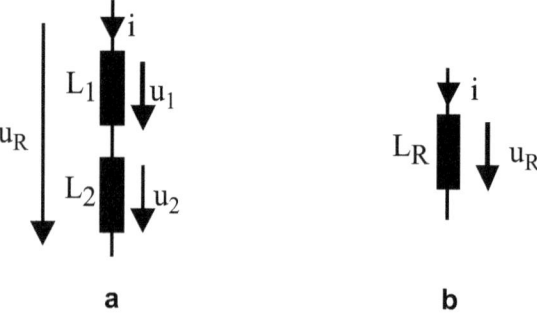

Bild 101: Erklärung der Reihenschaltung von Induktivitäten

Hierzu wird jeweils die Gleichung für die Spannung u_R nach Bild 101a und Bild 101b aufgestellt. Diese müssen gleich sein, wenn Die Induktivität L_R sich genauso verhalten soll wie die Reihenschaltung aus L_1 und L_2:

a) $u_R = u_1 + u_2 = L_1 \cdot \dfrac{di}{dt} + L_2 \cdot \dfrac{di}{dt}$ und b) $u_R = L_R \cdot \dfrac{di}{dt}$

also ist $L_1 \cdot \dfrac{di}{dt} + L_2 \cdot \dfrac{di}{dt} = L_R \cdot \dfrac{di}{dt}$ nach Kürzen ergibt sich:

$$L_R = L_1 + L_2 \text{ für die Reihenschaltung}$$

Parallelschaltung von Induktivitäten

G. Schmitz: Elektrotechnik für Ingenieurstudenten

Die Parallelschaltung kann über die Summe der Ströme abgeleitet werden:

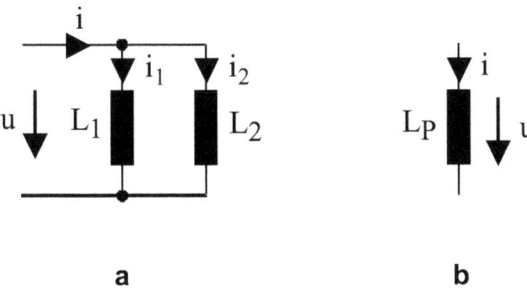

Bild 102: Erklärung der Parallelschaltung von Induktivitäten

Hierzu wird jeweils die Gleichung für die Spannung i nach Bild 102a und Bild 102b aufgestellt. Diese müssen gleich sein, wenn Die Induktivität L_P sich genauso verhalten soll wie die Parallelschaltung aus L_1 und L_2:

$$\text{a) } i = i_1 + i_2 = \frac{1}{L_1}\int udt + \frac{1}{L_2}\int udt \quad \text{und b) } i = \frac{1}{L_P}\int udt$$

$$\text{also ist } \frac{1}{L_1}\int udt + \frac{1}{L_2}\int udt = \frac{1}{L_P}\int udt \quad \text{nach Kürzen ergibt sich}$$

$$\frac{1}{L_P} = \frac{1}{L_1} + \frac{1}{L_2} \quad \text{bzw. } L_P = \frac{L_1 \cdot L_2}{L_1 + L_2}$$

1.6.13 Kräfte am Elektromagneten

Bei einem Elektromagneten lässt sich die Kraft auf den Anker berechnen, indem die Änderung der magnetischen Energie im Luftspalt zwischen Anker und Joch untersucht wird. Die genaue Ableitung würde hier allerdings zu weit führen.

Für einen Magnetkreis mit einem konstanten Eisenquerschnitt, ohne Sättigungseffekte und ohne Streufluss ergibt sich die Formel für die Kraft in Abhängigkeit des Ankerabstandes d und dem durch die Spule fließenden Strom zu:

$$F = n^2 \cdot I^2 \cdot \frac{\mu_0 \cdot A}{2(\frac{1}{\mu_r} + d)^2}$$

mit   A = Querschnittsfläche

        n = Anzahl der Windungen

        l = Länge des Eisenkerns

        μ_r = relative Permeabilität des Kerns

Man erkennt eine quadratische Abhängigkeit vom Strom. Bei sehr kleinen Abständen steigt die Kraft stark an, wegen dem umgekehrt proportionalen Zusammenhang zwischen Kraft und dem Quadrat des um einen Offset verschobenen Abstandes d (siehe Bild 103).

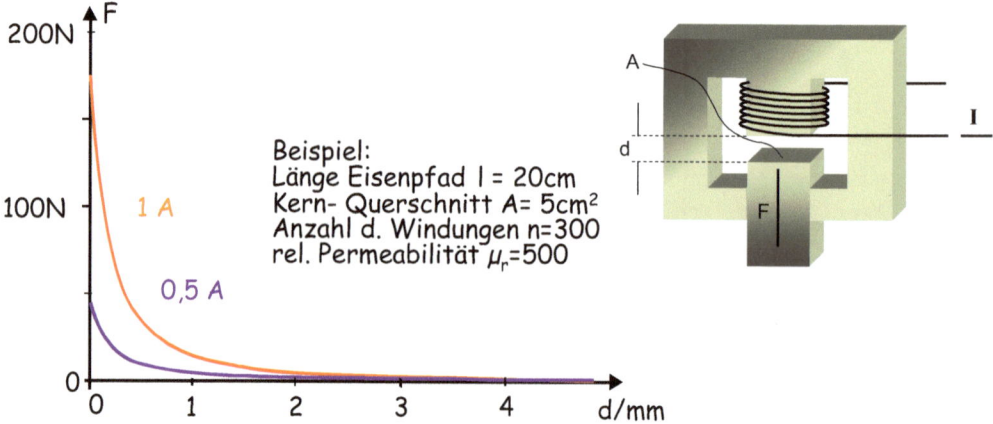

Bild 103: Kraftverlauf am Magneten

2   Wechselstromtechnik

2.1   Wechselspannung und Wechselstrom als sinusförmige Zeitfunktion

Wir wollen uns hier auf die Betrachtung sinusförmiger Ströme und Spannungen beschränken. Für die elektrischen Versorgungsnetze können sinusförmige Spannungen vorausgesetzt werden.

Anmerkung: Aus der Mathematik ist bekannt, dass jede periodische Funktion als Überlagerung mehrerer Sinusfunktionen unterschiedlicher Frequenz dargestellt werden kann (Fourierreihe).

Zunächst wollen wir die Amplitude und das Argument der Sinusfunktion für die Spannung definieren. Dazu betrachten wir Bild 104:

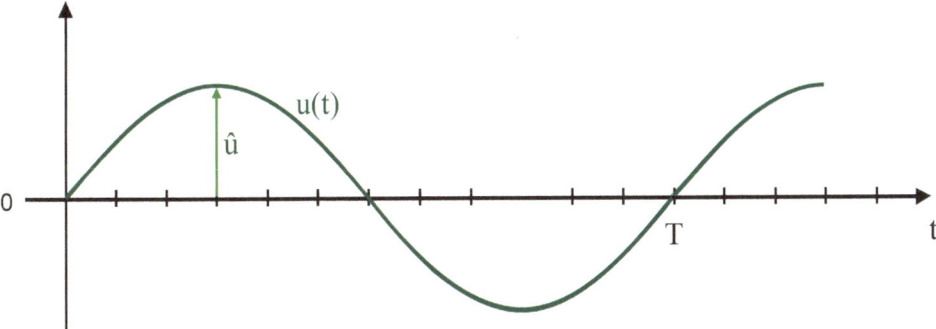

Bild 104: sinusförmiger Spannungsverlauf

Wir wissen, dass die „reine" Sinusfunktion Werte zwischen Null und 1 annimmt. Somit muss als Faktor vor der Sinusfunktion die Amplitude û stehen. Weiterhin ist uns bekannt, dass die Sinusfunktion eine Periodizität von 2π aufweist. Somit muss das Argument der Funktion also bei Einsatzen von T gerade 2π ergeben. Dies erreichen wir, indem wir als Argument $2\pi/T$ verwenden. Somit lautet die Funktion:

$$u(t) = \hat{u} \sin(\frac{2\pi}{T} t)$$

Die Anzahl der Perioden pro Sekunde wird auch als die Frequenz f bezeichnet. Wir können also schreiben:

$$f = \frac{1}{T}$$

Die Einheit der Frequenz ist 1/s bzw. s^{-1} und wir als Hertz (Hz) bezeichnet.

Mit Einführung der Kreisfrequenz erhalten wir:

$$\varpi = 2\pi f$$

Eingesetzt in die Sinusfunktion nach Bild 104 ergibt sich:

$$u(t) = \hat{u} \cdot \sin(2\pi ft) = \hat{u} \cdot \sin(\varpi t)$$

In der Technik werden die Klammern um den Ausdruck ϖt meist weggelassen, so dass wir auch schreiben:

$$u(t) = \hat{u} \sin \varpi t$$

2.1.1 Wechselstrom und Leistung bei ohmschem Widerstand

Nun wollen wir uns ansehen, welcher Stromverlauf sich am Widerstand ergibt.

Zu jedem Zeitpunkt muss die Beziehung $I = \dfrac{U}{R}$ erfüllt sein. Also können wir schreiben:

$$i(t) = \frac{u(t)}{R} = \frac{\hat{u}}{R} \cdot \sin(\varpi t) = \hat{i} \cdot \sin(\varpi t) \quad \text{mit} \quad \hat{i} = \frac{\hat{u}}{R}$$

Auch die Leistung zu jedem Zeitpunkt kann nun mittels $P = U \cdot I$ berechnet werden:

$$p(t) = u(t) \cdot i(t) = \hat{u} \cdot \sin(\varpi t) \cdot \frac{\hat{u}}{R} \cdot \sin(\varpi t) = \frac{\hat{u}^2}{R} \cdot \sin^2(\varpi t) = \hat{p} \cdot \sin^2(\varpi t) \text{ mit } \hat{p} = \frac{\hat{u}^2}{R}$$

In Bild 105 ist der zeitliche Verlauf der Kurven für spannung Strom und Leistung am Widerstand wiedergegeben.

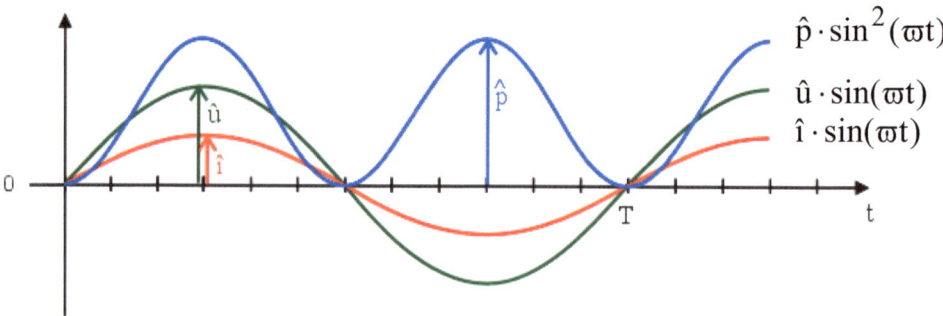

Bild 105: Spannungsverlauf mit zugehörigem Stromverlauf und Leistung am Widerstand

Wir erkennen, dass die Leistung nicht konstant ist, sondern eine (verschobene) sinusförmige Funktion mit der doppelten Frequenz bildet ($\sin^2\varpi = 1/2 \cdot (1 - \cos 2\varpi t)$). Die mittlere Leistung P beträgt gerade:

$$P = \frac{\hat{p}}{2} = \frac{\hat{u}^2}{2R}$$

　　　G. Schmitz: Elektrotechnik für Ingenieurstudenten

Wir sind gewohnt, dass wir bei der Angabe von Spannungen in der Gleichspannungstechnik die Leistung berechnen können aus $P = \dfrac{U^2}{R}$. Damit in der Wechselspannungstechnik die selben Formeln verwendet werden können führen wir den Wert der Effektivspannung U_{eff} ein, der die gleiche Art der Leistungsberechnung ermöglicht (der Index wird normalerweise weggelassen). Durch Vergleich der Formeln erhalten wir den Zusammenhang zwischen der Amplitude bzw. dem Spitzenwert der Spannung (û) und dem Effektivwert der Spannung (U):

$$P = \frac{\hat{u}^2}{2R} = \frac{U^2}{R} \quad \Rightarrow \quad U^2 = \frac{\hat{u}^2}{2} \Rightarrow$$

$$U = \frac{\hat{u}}{\sqrt{2}} \quad \text{bzw} \quad \hat{u} = \sqrt{2} \cdot U$$

Die gleiche Betrachtung beim Strom führt zu:

$$I = \frac{\hat{\imath}}{\sqrt{2}} \quad \text{bzw} \quad \hat{\imath} = \sqrt{2} \cdot I$$

Die Angabe des Spannungswertes bei sinusförmigen Wechselspannungen erfolgt immer als Effektivwert U, sofern nicht ausdrücklich anders gesagt. So ist auch der Wert von 230V in unserem Stromversorgungsnetz die Effektivspannung U. Die Amplitude (oder Spitzenspannung) û beträgt demgemäß:

$$\hat{u} = \sqrt{2} \cdot 230V = 324V$$

Somit lässt sich unsere Netzspannung zeitabhängig darstellen als:

$$u(t) = \hat{u} \cdot \sin(\omega t) = \hat{u} \cdot \sin(2\pi f t) = 324V \cdot \sin(2\pi 50Hz \cdot t)$$

Anmerkung: Die oben dargestellte Ermittlung der mittleren Leistung aus der Zeitfunktion der Leistung lässt sich mit Hilfe der Integration der Leistung über eine Periode und Division durch den Zeitraum bewerkstelligen. Anschaulicher ist jedoch die Betrachtung gemäß Bild 106. Dabei wird eine Linie bei der Hälfte der Amplitude gezogen. Nun können die „Berge" oberhalb der Linie genau passen in die „Täler" unterhalb der Linie umgefüllt werden. Hierdurch erkennt man, dass die Leistung im Mittel genau der Linie, also der Hälfte des Spitzenwertes entspricht.

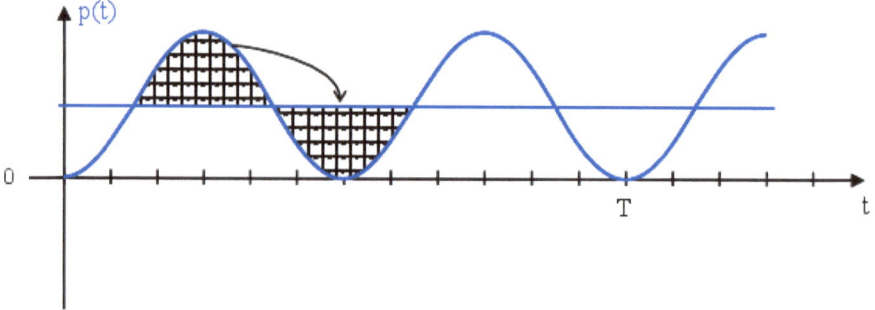

Bild 106: Ermittlung der mittleren Leistung

2.1.2 Wechselstrom beim Kondensator

Die gleichen Betrachtungen, die wir für den Widerstand gemacht haben, wollen wir nun auch beim Kondensator anstellen. Der Strom am Kondensator ergibt sich zu:

$$i(t) = C \cdot \frac{du(t)}{dt} = C \cdot \hat{u} \cdot \frac{d\sin(\omega t)}{dt} = C \cdot \hat{u} \cdot \omega \cdot \cos(\omega t) = \hat{i} \cdot \cos(\omega t) \quad \text{mit } \hat{i} = C \cdot \hat{u} \cdot \omega$$

Es ergibt sich also ein gegenüber der Spannung phasenverschobener Strom (Bild 107).

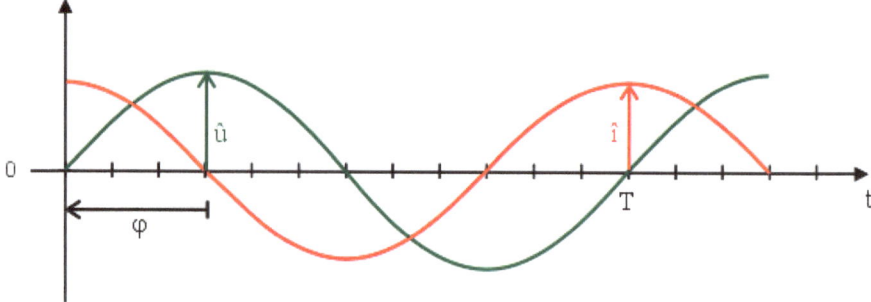

Bild 107: Spannungs- und Stromverlauf am Kondensator

Der Strom eilt der Spannung um 90° voraus, die Phasenverschiebung des Stromes gegenüber der Spannung beträgt $\varphi = +90°$. Man könnte die Gleichung also auch schreiben als:

$$i(t) = \hat{i} \cdot \sin(\omega t + 90°)$$

Anmerkung: In der Literatur findet man häufig den Phasenwinkel der Spannung gegenüber dem Strom. Dieser wird als φ_U teilweise aber ebenfalls einfach als φ bezeichnet wobei dieser dann **$\varphi = -90°$** *beträgt.*

Zeigerdarstellung

Wir können uns die Sinusfunktion auch als vertikale Projektion eines mit der Kreisfrequenz ϖ umlaufenden Kreiszeigers vorstellen. Dann wäre bei einer Momentaufnahme bei t=0 der Zeiger für die Spannung horizontal anzutragen (vertikale Projektion liefert Null zum Zeitpunkt t=0) und der Zeiger für den Strom senkrecht nach oben (vertikale Projektion liefert î zum Zeitpunkt t=0).

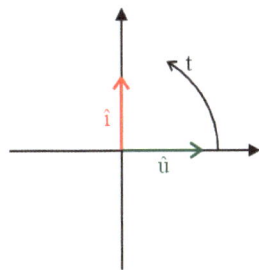

Bild 108: Zeigerdarstellung für Spannung- und Strom am Kondensator

Aus der Amplitude des Stromes kann man erkennen, welchen Widerstand der Kondensator für den Strom darstellt. Diesen Wechselstromwiderstand können wir im Prinzip wie in der Gleichspannungstechnik berechnen aus dem Quotienten von Spannung und Strom. Da es sich aber nicht wirklich um einen (ohmschen) Widerstand handelt, verwenden wir nicht den Buchstaben R für den Wechselstromwiderstand, sondern den Buchstaben X. X_C, der Wechselstromwiderstand des Kondensators wird berechnet aus den Effektivwerten von Spannung und Strom:

$$X_C = \frac{U_C}{I_C}$$

Die Effektivwerte können durch die Spitzenwerte ersetzt werden und für den Spitzenwert des Stromes können wir die oben gefundene Beziehung: $\hat{\imath} = C \cdot \hat{u} \cdot \varpi$ einsetzen und erhalten:

$$X_C = \frac{U_C}{I_C} = \frac{\sqrt{2}\hat{u}}{\sqrt{2}\hat{\imath}} = \frac{\hat{u}}{\hat{\imath}} = \frac{\hat{u}}{C \cdot \hat{u} \cdot \varpi} = \frac{1}{C \cdot \varpi} \quad \text{also}$$

$$X_C = \frac{1}{\varpi C} \quad \text{als Betrag des Wechselstromwiderstandes des Kondensators}$$

Dieser Wechselstromwiderstand ist offensichtlich frequenzabhängig ($\varpi = 2\pi f$). Bei steigender Frequenz sinkt der Widerstand.

2.1.3 Wechselstrom bei der Spule

Die gleichen Betrachtungen, die wir für den Kondensator gemacht haben, wollen wir nun auch bei der Spule anstellen. Der Strom durch die Spule ergibt sich zu:

$$i(t) = \frac{1}{L} \cdot \int u(t)dt = \frac{1}{L} \cdot \int \hat{u} \cdot \sin(\omega t)dt = \frac{1}{L} \cdot \hat{u} \cdot \frac{1}{\omega} \cdot -\cos(\omega t) = -\frac{\hat{u}}{\omega L} \cdot \cos(\omega t) = -\hat{\imath} \cdot \cos(\omega t)$$

$$\text{mit } \hat{\imath} = \frac{\hat{u}}{\omega L}$$

Es ergibt sich also ein gegenüber der Spannung phasenverschobener Strom (Bild 109).

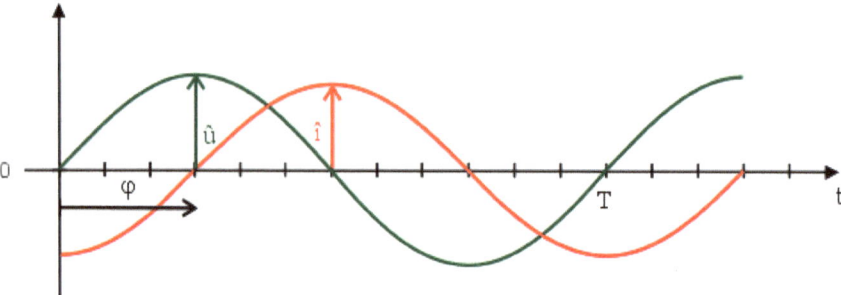

Bild 109: Spannungs- und Stromverlauf an der Spule

Der Strom eilt der Spannung um 90° nach, die Phasenverschiebung beträgt φ=-90°. Man könnte die Gleichung also auch schreiben als:

$$i(t) = \hat{\imath} \cdot \sin(\omega t - 90°)$$

Anmerkung: In der Literatur findet man häufig den Phasenwinkel der Spannung gegenüber dem Strom. Dieser wird als φ_U teilweise aber ebenfalls einfach als φ bezeichnet wobei dieser dann **φ = +90°** *beträgt.*

Zeigerdarstellung

Die Zeigerdarstellung für die Spule liefert folgendes Bild:

G. Schmitz: Elektrotechnik für Ingenieurstudenten   © Copyright 2013

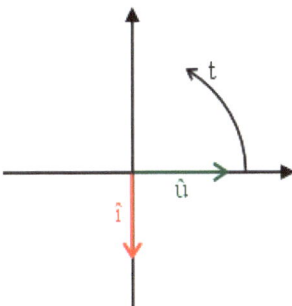

Bild 110: Zeigerdarstellung für Spannung- und Strom an der Spule

Aus der Amplitude des Stromes kann man erkennen, welchen Widerstand die Spule für den Strom darstellt. Diesen Wechselstromwiderstand X_L können wir genau wie beim Kondensator berechnen:

$$X_L = \frac{U_L}{I_L}$$

Die Effektivwerte können durch die Spitzenwerte ersetzt werden und für den Spitzenwert des Stromes können wir die oben gefundene Beziehung für î einsetzen und erhalten:

$$X_L = \frac{U_L}{I_L} = \frac{\sqrt{2}\hat{u}}{\sqrt{2}\hat{\imath}} = \frac{\hat{u}}{\hat{\imath}} = \frac{\hat{u}}{\hat{u}/\varpi L} = \varpi L \text{ also}$$

$$X_L = \varpi L \text{ als Wechselstromwiderstand der Spule}$$

Dieser Wechselstromwiderstand ist offensichtlich frequenzabhängig ($\varpi = 2\pi f$). Bei steigender Frequenz steigt der Widerstand.

Man bezeichnet den Wechselstromwiderstand von Kondensatoren und Induktivitäten auch als **Blindwiderstand (Reaktanz)**.

Frequenzabhängigkeit des Wechselstromwiderstandes von Kondensator und Spule

Wenn wir nun den Verlauf des Widerstandes über der Frequenz betrachten, ergibt sich das in Bild 111 dargestellte Diagramm für ohmschen Widerstand, Kondensator und Spule.

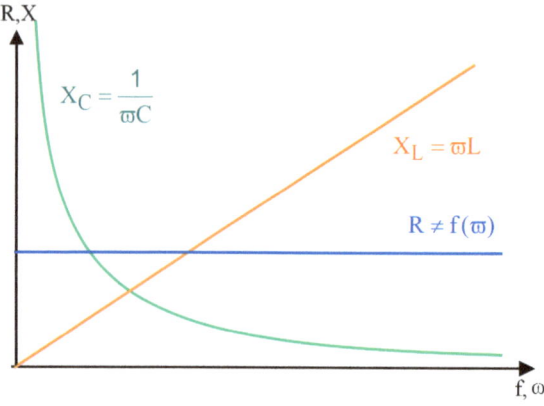

Bild 111: Frequenzabhängikeit des Widerstandes von ohmschem Widerstand, Kondensator und Spule

2.2 Schaltungen im Wechselstromkreis

Als nächstes wollen wir nun Reihenschaltung und Parallelschaltungen der Komponenten R, L und C bei (sinusförmigem) Wechselstrom untersuchen.

2.2.1 Reihenschaltung von R und C

Bei der Reihenschaltung von R und C muss zu jedem Zeitpunkt der Strom in der gesamten Schaltung gleich sein. Somit hat der Strom bei beiden Bauteilen nicht nur den gleichen Betrag sondern auch die gleiche Phase.

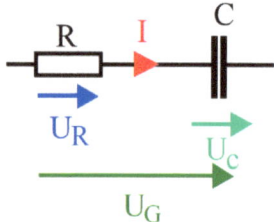

Bild 112: Reihenschaltung von R und C

Bei der Betrachtung der Spannungen in der Reihenschaltung ist die Situation jedoch komplizierter. Die Gesamtspannung U_G muss natürlich zu jedem Zeitpunkt der Summe der Einzelspannungen entsprechen. Allerdings ist die Spannungen am Kondensator gegenüber dem Strom um 90° phasenverschoben, am Widerstand jedoch nicht. Da die Ströme zu jedem Zeitpunkt gleich sind, bedeutet dies eine Phasenverschiebung zwischen der Spannung am Kondensator und der am Widerstand (siehe Bild 113).

G. Schmitz: Elektrotechnik für Ingenieurstudenten

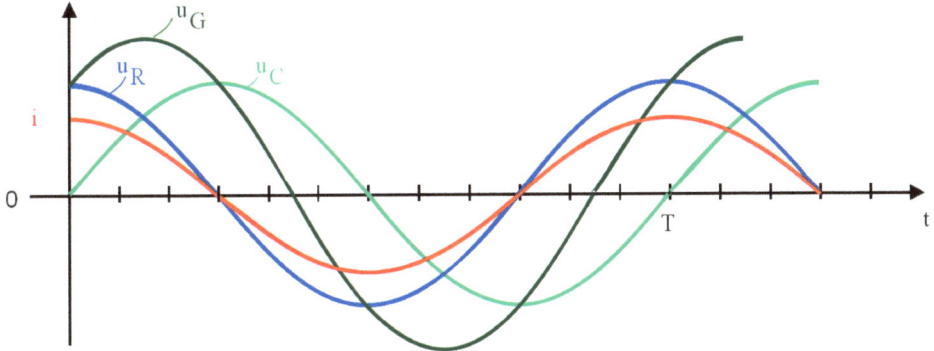

Bild 113: Phasenlagen von Strom und Spannungen bei Reihenschaltung von R und C

Aufgrund der Phasenverschiebung ergibt sich bei der Addition der zeitlichen Verläufe als Amplitude nicht etwa die Summe der Einzelamplituden sondern ein geringerer Wert, wie im Bild deutlich zu sehen ist. Verwendet man nun die bereits eingeführte Zeigerdarstellung, so kann die Addition grafisch erfolgen (bekannt aus der vektoriellen Addition von Kräften).

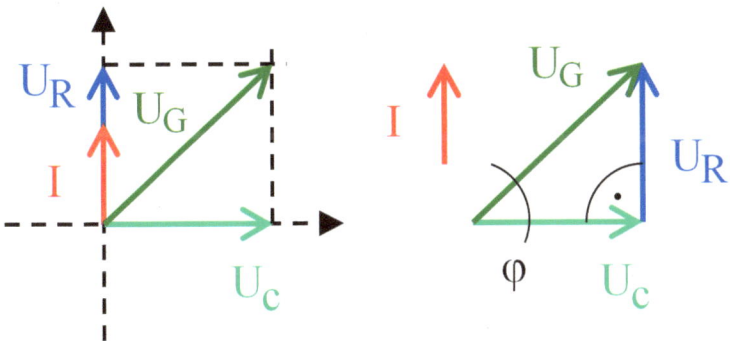

Bild 114: Addition der Zeiger für die Spannungen einer Reihenschaltung von R und C

In Bild 114 ist diese Addition dargestellt, links im „Kreiszeigerdiagramm" und rechts mit der vereinfachten Methode, bei dem der zu addierende Zeiger an die Spitze des vorigen angesetzt wird. Der Ergebniszeiger ergibt sich dann als Zeiger vom Beginn des ersten Zeigers zum Ende (Pfeilspitze) des letzten Zeigers (auch bei mehr als zwei Summanden).

Anmerkung: In der Elektrotechnik wird meist anstelle der zeichnerischen Addition von Zeigern die mathematische Darstellung in Form komplexer Zahlen mit Real und Imaginärteil benutzt. Wenn man diese Methode beherrscht, lassen sich damit komplexere Operationen leichter und genauer lösen als mit der Zeigerdarstellung. Da dies jedoch auch weniger anschaulich ist, wird hier auf die Einführung der komplexen Rechnung verzichtet. Als Schreibweise für komplexe Größen wird dabei der Unterstrich verwendet, also $\underline{U}$ und $\underline{I}$.

Soll der Betrag und der Winkel des Ergebniszeigers berechnet werden, so kann man hierzu die trigonometrischen Funktionen verwenden. Da ein rechtwinkliges Dreieck vorliegt, lässt sich der Winkel zwischen U_G und U_R bestimmen mit:

$$\tan\varphi = \frac{U_C}{U_R}$$

Der Betrag von U_G kann ebenfalls über die trigonometrischen Funktionen bestimmt werden. Noch einfacher ist jedoch die Anwendung des Satzes von Pythagoras (möglich wg. rechtem Winkel zwischen U_R und U_C):

$$U_G^2 = U_R^2 + U_C^2 \Rightarrow U_G = \sqrt{U_R^2 + U_C^2}$$

2.2.2 Der Scheinwiderstand (Impedanz)

Im obigen Beispiel der Reihenschaltung von R und C wäre natürlich noch zu klären, wie groß die einzelnen Spannungen sind, wenn der Strom I bekannt ist und die Wechselstromwiderstände von R und C. Es muss gelten:

$$U_R = R \cdot I \quad \text{und} \quad U_C = X_C \cdot I$$

Setzt man diese Gleichungen nun in die Pythagorasgleichung für die Gesamtspannung ein, so ergibt sich:

$$U_G = \sqrt{U_R^2 + U_C^2} \Rightarrow U_G = \sqrt{R^2 \cdot I^2 + X_C^2 \cdot I^2} = \sqrt{R^2 + X_C^2} \cdot I$$

Offensichtlich stellt der Ausdruck $\sqrt{R^2 + X_C^2}$ eine Art Widerstand dar. Wir bezeichnen ihn als Scheinwiderstand Z (auch „Impedanz"). Somit gilt also bei Reihenschaltung von Widerstand und Kondensator:

$$Z = \sqrt{R^2 + X_C^2}$$

sowie allgemein für den Zusammenhang zwischen Scheinwiderstand, Strom und Spannung:

$$U = Z \cdot I \quad \text{bzw.} \quad Z = \frac{U}{I}$$

Aus den Zeigerdiagrammen für die Spannungen lässt sich das Zeigerdiagramm für die Widerstände ableiten:

G. Schmitz: Elektrotechnik für Ingenieurstudenten

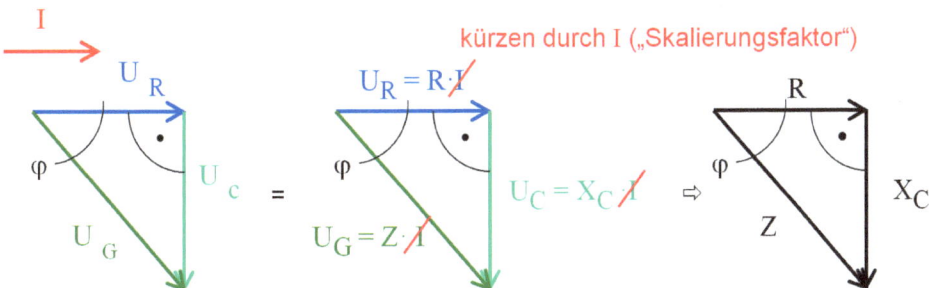

Bild 115: Herleitung der Zeigerdarstellung für die Widerstände aus der Darstellung der Spannungszeiger

Die Spannungen im Zeigerdiagramm (Bild 115, linker Bildteil) lassen sich als Produkt aus Strom und Widerstand darstellen (Bildmitte). Nach Division aller Zeiger durch den Strom I ergibt sich das Zeigerdiagramm für die Widerstände (rechter Bildteil).

Anmerkung: Natürlich kann auch Z wieder als komplexe Größe mit Real- und Imaginärteil angesehen werden. Dabei würde sich ergeben: $\underline{Z} = R - jX_C$. *Das Minuszeichen ist im Zeigerdioagramm aufgrund der Richtung von X_C zu erkennen, wenn man von der Darstellung des Realteils auf der horizontalen und des Imaginärteils auf der vertikalen Achse ausgeht. Das Minuszeichen ergibt sich aus der Formel für den Scheinwiderstand des Kondensators in komplexer Schreibweise:*
$\underline{Z_C} = \dfrac{1}{j\omega C} = -j\dfrac{1}{\omega C} = -jX_C$. *Erinnerung: j steht für die Wurzel aus minus 1, somit ist der Kehrwert von j gleich minus j!*

2.2.3 Reihenschaltung von R und L

Als nächstes wollen wir die Reihenschaltung eines Widerstandes mit einer Induktivität betrachten (Bild 116).

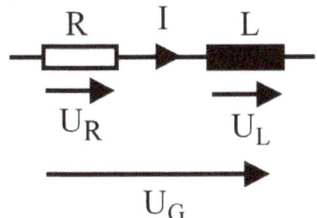

Bild 116: Reihenschaltung von R und L

Dabei gilt für die Spannungen an R und L:

$$U_R = R \cdot I \quad \text{und} \quad U_L = X_L \cdot I$$

Das Zeigerdiagramm (Bild 117) wird erstellt, indem zunächst für den Stromzeiger eine (willkürliche) Richtung festgelegt wird. Da der Strom durch beide Komponenten gleich ist werden nun die Spannungspfeile mit einer Länge entsprechend der errechneten Beträge und einer Richtung, die sich an der Richtung des Stromzeigers orientiert, eingezeichnet.

Bild 117: Zeigerdarstellung für Reihenschaltung von R und L

Wegen der Voreilung der Spannung gegenüber dem Strom an der Spule muss der Spannungszeiger für die Spule gegenüber dem des Spulenstromes um 90° in mathematisch positivem Sinn gedreht werden.

Nun können Betrag und Phase der Gesamtspannung U_G aus dem Diagramm abgelesen werden.

2.2.4 Reihenschaltung von R, L und C, der Reihenschwingkreis

Die obige Schaltung kann nun noch um einen Kondensator erweitert werden (Bild 118.

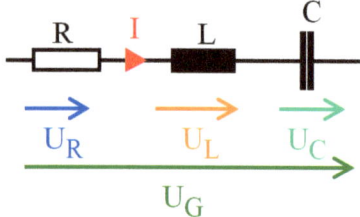

Bild 118: Reihenschaltung von R, L und C

Bei dem Zeigerdiagramm (Bild 119) erkennt man, dass die Spannungen an Kondensator und Spule sich teilweise gegenseitig kompensieren!

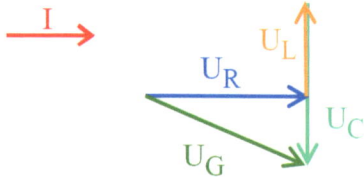

Bild 119: Zeigerdarstellung für Reihenschaltung von R, L und C

Die Gesamtspannung U_G kann dabei sogar kleiner werden als eine der Spannungen U_C bzw. U_L. Für den gesamten Scheinwiderstand Z (Impedanz) ergibt sich analog zu der Herleitung beim Kondensator nun ein Ausdruck, in dem die Differenz der Blindwiderstände von Spule und Kondensator auftritt:

$$U_G = \sqrt{U_R^2 + \left(U_L - U_C\right)^2} \Rightarrow U_G = \sqrt{R^2 \cdot I^2 + \left(X_L - X_C\right)^2 \cdot I^2} = \sqrt{R^2 + \left(X_L - X_C\right)^2} \cdot I$$

$$\Rightarrow Z = \sqrt{R^2 + \left(X_L - X_C\right)^2}$$

Die Impedanz Z wird offensichtlich am kleinsten, wenn die Blindwiderstände X_L und X_C gleich groß sind. Wenn wir ermitteln wollen, bei welcher Frequenz f_0 (bzw. Kreisfrequenz ω_0 dies der Fall ist, betrachten wir:

$$X_C = X_L \Rightarrow \frac{1}{\omega_0 C} = \omega_0 L \Rightarrow \omega_0^2 = \frac{1}{LC} \Rightarrow \omega_0 = \frac{1}{\sqrt{LC}} \Rightarrow$$

$$f_0 = \frac{1}{2\pi\sqrt{LC}}$$

In der Formel für die Impedanz Z heben sich bei dieser Frequenz die Blindwiderstände auf. Nach außen sichtbar wird nur noch:

$$Z = R$$

Die Frequenz f_0 wird als Resonanzfrequenz bezeichnet. Der Verlauf der Impedanz (des Betrages) ist in Bild 120 dargestellt.

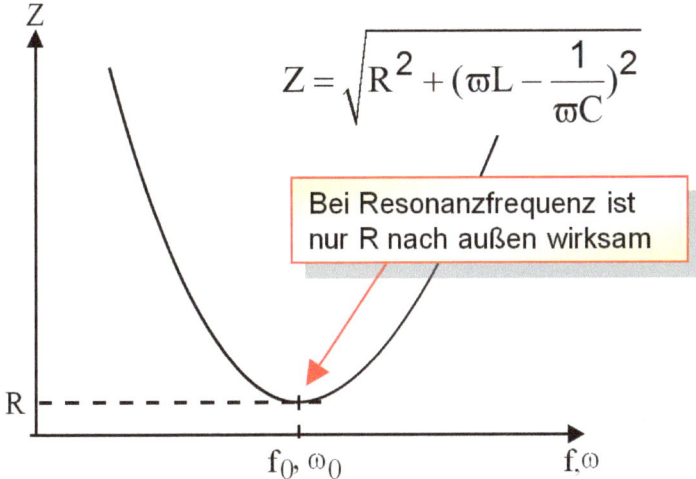

$$Z = \sqrt{R^2 + (\omega L - \frac{1}{\omega C})^2}$$

Bei Resonanzfrequenz ist nur R nach außen wirksam

Bild 120: Verlauf des Betrages der Impedanz Z über der Frequenz beim Reihenschwingkreis

2.2.5 Parallelschaltungen von R, L und C, der Parallelschwingkreis

Bei Parallelschaltungen der Komponenten R, L und C ist die Spannung an allen Komponenten jeweils gleich. Hierbei addieren sich nun die Ströme. Da die Ströme Phasenverschiebungen aufweisen, können sie nicht einfach algebraisch aufaddiert werden. Vielmehr muss auch hier das Verfahren der Zeigeraddition angewendet werden.

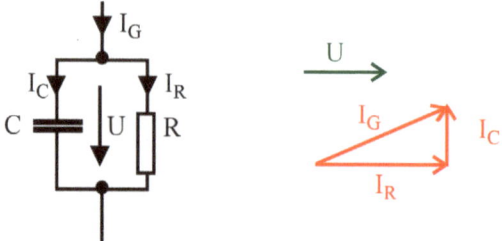

Bild 121: Parallelschaltung von Kondensator und Widerstand mit Zeigerdiagramm

Das Zeigerdiagramm (Bild 121) wird erstellt, indem zunächst für den Spannungszeiger eine (willkürliche) Richtung festgelegt wird. Die Richtung der Stromzeiger orientiert sich nun jeweils an der Richtung des Spannungszeigers orientiert, eingezeichnet.

Der Strom durch den Widerstand I_R muss die gleiche Phase (also gleiche Zeigerrichtung) aufweisen wie die Spannung, da am Widerstand keine Phasenverschiebung zwischen Strom und Spannung vorliegt. Der Strom durch den Kondensator muss hingegen gegenüber der Spannung um 90° vorauseilen, also um 90° im mathematisch positiven Sinn gedreht sein.

Aus der zeigermäßigen Addition ergibt sich dann der Gesamtstrom.

Bei der Parallelschaltung von Spule und Widerstand ergibt sich ein nahezu identisches Zeigerdiagramm (siehe Bild 122). Lediglich muss der Strom an der Spule nun „nach unten" angetragen werden (90° nacheilend).

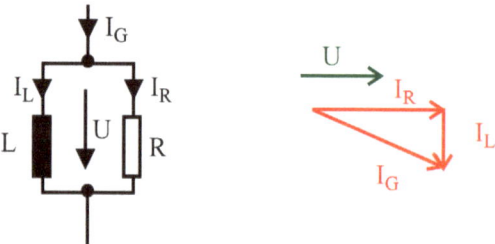

Bild 122: Parallelschaltung von Spule und Widerstand mit Zeigerdiagramm

Werden alle drei Komponenten R, L und C parallel geschaltet (Bild 123), so heben sich die Ströme von Kondensator und Spule teilweise gegenseitig auf (siehe Zeigerdiagramm).

G. Schmitz: Elektrotechnik für Ingenieurstudenten

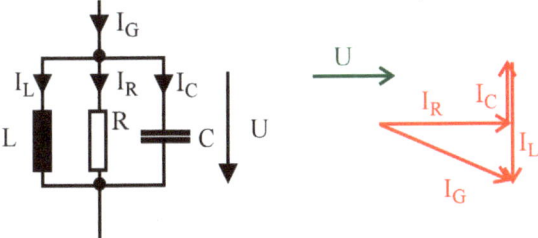

Bild 123: Parallelschaltung von Kondensator, Spule und Widerstand mit Zeigerdiagramm

Der Betrag der Impedanz Z (der Scheinwiderstand) kann durch Betrachtung des Summenstromes über den Pythagoras hergeleitet werden, indem man die Ströme durch den Quotienten der Spannung durch die Widerstände ersetzt und die Spannung herauskürzt:

$$I_G^2 = I_R^2 + \left(I_C - I_L\right)^2 \Rightarrow \frac{U^2}{Z_G^2} = \frac{U^2}{R^2} + \left(\frac{U}{X_C} - \frac{U}{X_L}\right)^2 \Rightarrow \frac{1}{Z_G^2} = \frac{1}{R^2} + \left(\frac{1}{X_C} - \frac{1}{X_L}\right)^2$$

Führt man nun die Kehrwerte von Blind- und Scheinwiderstand ein und bezeichnet diese mit Y, so erhält man:

$$Y_G^2 = G^2 + \left(Y_C - Y_L\right)^2 \Rightarrow Y_G^2 = G^2 + \left(Y_C - Y_L\right)^2 \Rightarrow Y_G = \sqrt{G^2 + \left(Y_C - Y_L\right)^2}$$

wobei $G = \dfrac{1}{R}, \quad Y_C = \dfrac{1}{X_C}, \quad Y_L = \dfrac{1}{X_L} \quad$ und $\quad Y_G = \dfrac{1}{Z_G}$

Y ist der Scheinleitwert und wird auch als **Admittanz** bezeichnet.

Untersucht man nun die Frequenzabhängigkeit von Gesamt- Impedanz und Admittanz so stellt man fest, dass für den Fall $Y_C = Y_L$ bzw. $X_C = X_L$ die Admittanz, also der Scheinleitwert, ein Minimum und die Impedanz, also der Scheinwiderstand, ein Maximum aufweist. Somit ergibt sich beim Parallelschwingkreis die gleiche „Resonanzfrequenz" wie bei dem Reihenschwingkreis:

$$f_0 = \frac{1}{2\pi\sqrt{LC}}$$

Die Frequenzabhängigkeit der Impedanz des Parallelschwingkreises (Parallelschaltung von R, L und C) ist in Bild 124 dargestellt.

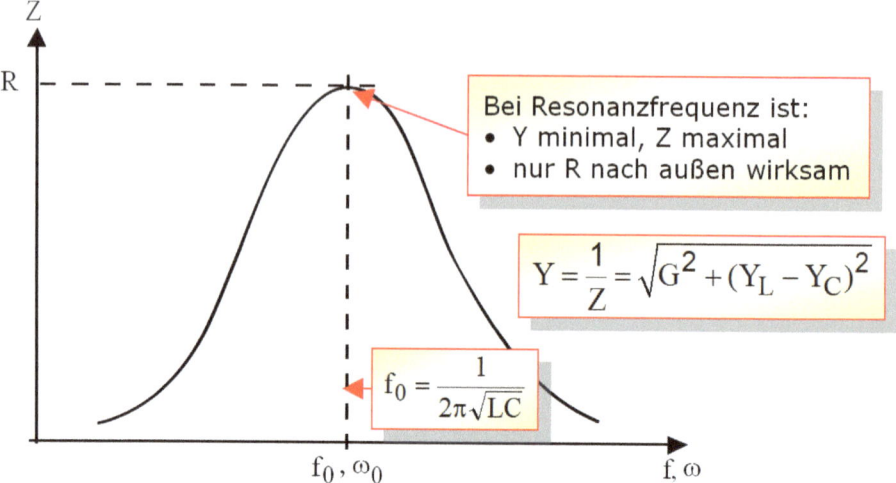

Bild 124: Impedanzverlauf bei Parallelschaltung von R, L und C (Parallelschwingkreis)

2.2.6 Der Hochpass

Die Frequenzabhängigkeit von Spule und Kondensator lässt sich auch nutzen, um frequenzabhängige Übertragungsglieder aufzubauen. Dabei wird in einem normalen Spannungsteiler mindestens einer der Widerstände durch ein frequenzabhängiges Bauteil ersetzt.

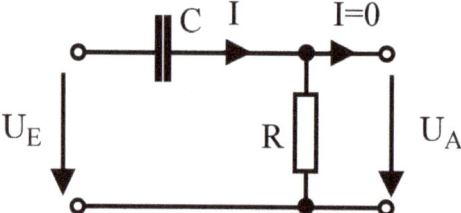

Bild 125: Hochpass als Spannungsteiler aus Kondensator und Widerstand

Genau wie bei einem rein ohmschen Spannungsteiler können wir zunächst einmal den Strom berechnen, der in der Schaltung fließt. Dieser berechnet sich im unbelasteten Fall (kein Strom fließt an der Ausgangsseite ab) aus dem Quotienten der Eingangsspannung U_E und der Impedanz Z der Reihenschaltung von R und C:

$$I = \frac{U_E}{Z} \quad \text{mit} \quad Z = \sqrt{R^2 + X_C^2}$$

Die Spannung U_A ergibt sch dann am Widerstand R als Produkt aus Strom und Widerstand $U_A = R \cdot I$. Nach Einsetzen des eben ermittelten Stromes I ergibt sich für U_A:

$$U_A = R \cdot \frac{U_E}{Z} = U_E \frac{R}{\sqrt{R^2 + X_C^2}} = U_E \frac{R}{\sqrt{R^2 + \frac{1}{(\varpi C)^2}}}$$

Um die Frequenzabhängigkeit zu untersuchen, überlegen wir, welchen Wert die Ausgangsspannung für sehr tiefe Frequenzen annimmt (also für $\varpi \to 0$). Dann geht der zweite Term unter der Wurzel gegen unendlich und damit auch der ganze Nenner. Die Ausgangsspannung geht dann demnach gegen Null:

$$U_A \to 0 \qquad \text{für tiefe Frequenzen}$$

Nun prüfen wir, welchen Wert die Ausgangsspannung sehr hohe Frequenzen annimmt (also für $\varpi \to \infty$). Der Term $1/\varpi$ geht dann gegen Null. Dann verbleibt:

$$U_A = U_E \frac{R}{\sqrt{R^2 + 0}} = U_E \qquad \text{für hohe Frequenzen}$$

Bei sehr hohen Frequenzen ist die Ausgangsspannung gleich der Eingangsspannung. Die Schaltung lässt also hohe Frequenzen praktisch ungehindert passieren, daher der Name Hochpass.

Der sich ergebende Frequenzgang ist in Bild 126 aufgetragen.

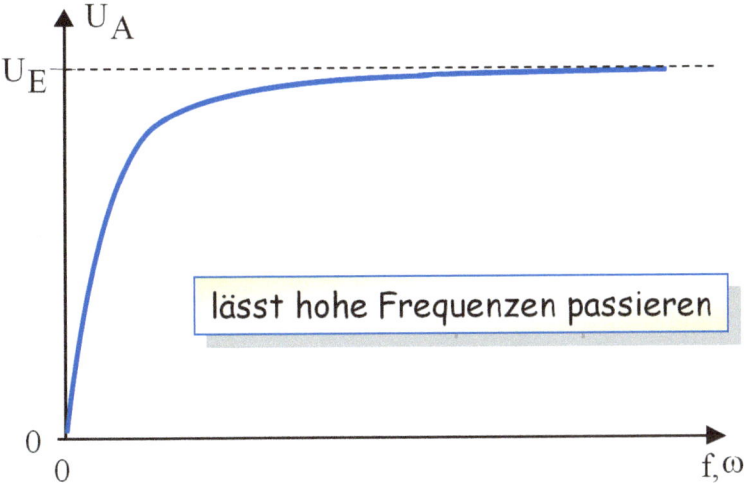

Bild 126: Frequenzgang der Ausgangsspannung beim Hochpass

Werden die beiden Achsen in logarithmischer Skalierung gezeichnet, so ergibt sich ein Frequenzgang gemäß Bild 127. Der Knickpunkt liegt etwa dort, wo $R = X_C$ ist. Dann ist die Ausgangsspannung gerade um den Faktor $\sqrt{2}$ kleiner als die Eingangsspannung. Der Anstieg bei den niedrigen

Frequenzen beträgt Faktor 2 pro Verdoppelung der Frequenz (pro Oktave) bzw. Faktor 10 pro Verzehnfachung (pro Dekade).

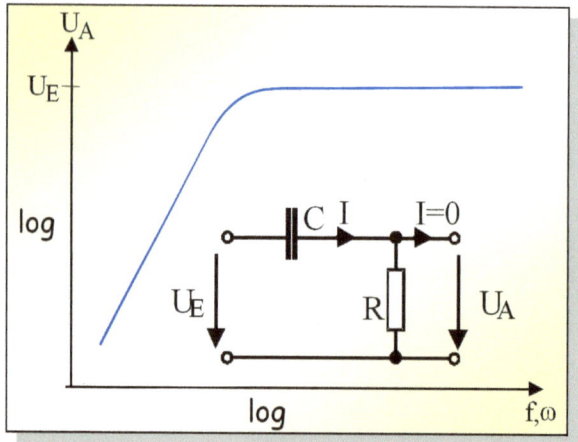

Bild 127: Frequenzgang der Ausgangsspannung beim Hochpass bei doppelt logarithmischer Achsenskalierung

2.2.7 Der Tiefpass

Auch ein Tiefpass lässt sich unter Verwendung von Widerstand und Kondensator aufbauen. Hierzu werden die beiden Komponenten gegenüber dem Hochpass einfach vertauscht (Bild 128).

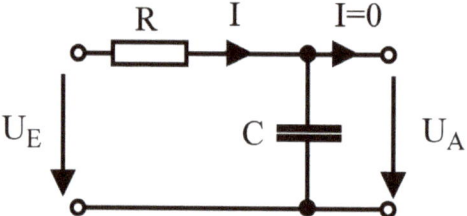

Bild 128: Tiefpass als Spannungsteiler aus Widerstand und Kondensator

Bei Ansetzen der Spannungsteilerregel erhält man beim RC-Tiefpass:

$$U_A = U_E \frac{X_C}{\sqrt{R^2 + X_C^2}} = U_E \frac{1}{\sqrt{\frac{R^2}{X_C^2} + 1}} = U_E \frac{1}{\sqrt{(\omega C)^2 R^2 + 1}}$$

Bei sehr hohen Frequenzen ($\omega \to \infty$) geht der Nenner gegen unendlich und damit der Bruch und somit die Ausgangsspannung U_A gegen Null. Bei sehr tiefen Frequenzen ($\omega \to 0$) geht der Nenner gegen 1 und somit wird $U_A = U_E$.. Der Ausgangsspannungsverlauf über der Frequenz für den Tiefpass ist in Bild 129 wiedergegeben.

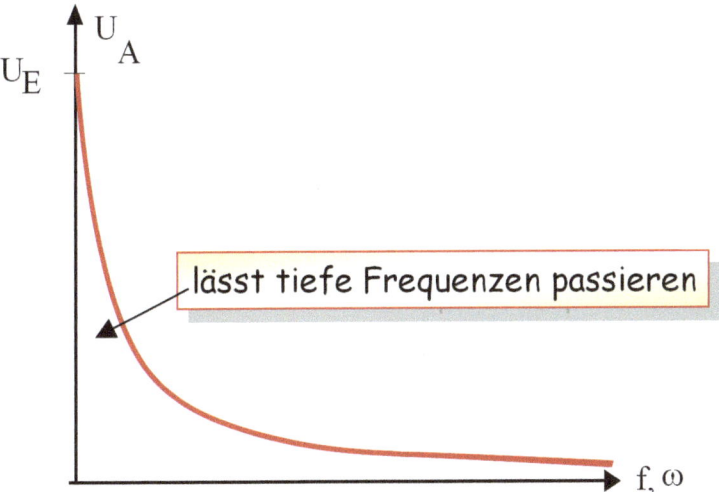

Bild 129: Frequenzgang der Ausgangsspannung beim Tiefpass

In der doppelt logarithmischen Darstellung (Bild 130) erscheint der tiefe Frequenzbereich stark vergrößert. Der Abfall bei hohen Frequenzen erfolgt mit der gleichen Steilheit wie der Anstieg bei dem Hochpass, also mit Faktor 2 pro Verdoppelung der Frequenz (pro Oktave) bzw. Faktor 10 pro Verzehnfachung (pro Dekade).

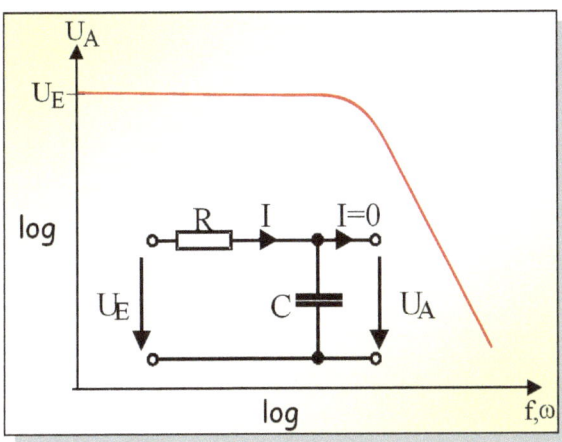

Bild 130: Frequenzgang der Ausgangsspannung beim Tiefpass bei doppelt logarithmischer

Achsenskalierung

Anmerkung: Es ist üblich, derartige frequenzabhängige Schaltungen aus Kondensatoren und Widerständen, jedoch ohne Spulen aufzubauen, da Spulen zum einen in der Fertigung schwieriger zu handhaben sind und außerdem deutlich mehr nichtideale Eigenschaften aufweisen als Kondensatoren.

Für besonders wirksame Tiefpässe können jedoch auch LC- Spannungsteiler verwendet werden (Bild 131), die dann einen doppelt so steilen Abfall im Sperrbereich aufweisen. Die Schaltung stellt bezüglich der Eingangsklemmen einen Reihenschwingkreis dar. Somit kann es bei der Resonanzfrequenz zu einer Resonanzüberhöhung kommen.

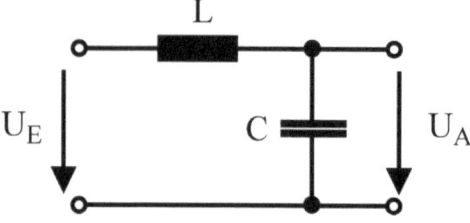

Bild 131: LC- Tiefpass

2.3 Leistungen bei Wechselstrom

2.3.1 Leistung bei Kondensator und Spule (Blindleistung)

Die Leistung im Widerstand bei Wechselstrom hatten wir schon kennengelernt. Betrachten wir nun einmal die Leistung an Spule und Kondensator, so ergibt sich als Momentanleistung für den Kondensator:

$$p(t) = u(t) \cdot i(t) = \hat{u} \cdot \sin(\omega t) \cdot \hat{\imath} \cdot \cos(\omega t)$$

und bei der Spule:

$$p(t) = u(t) \cdot i(t) = -\hat{u} \cdot \sin(\omega t) \cdot \hat{\imath} \cdot \cos(\omega t)$$

Der Ausdruck $\sin(\omega t) \cdot \cos(\omega t)$ kann ersetzt werden durch $1/2 \cdot \sin(2\omega t)$. Wir sehen uns diese Gleichungen im Zeitdiagramm an (Bild 132):

G. Schmitz: Elektrotechnik für Ingenieurstudenten

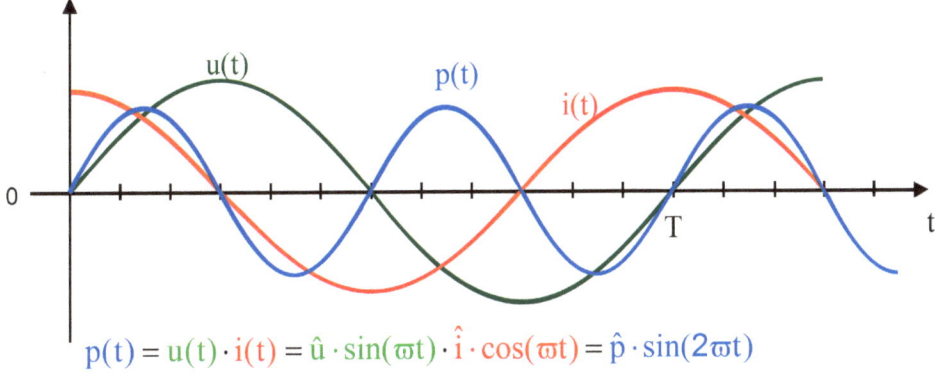

$$p(t) = u(t) \cdot i(t) = \hat{u} \cdot \sin(\varpi t) \cdot \hat{i} \cdot \cos(\varpi t) = \hat{p} \cdot \sin(2\varpi t)$$

Bild 132: zeitabhängige Darstellung der Leistung am Kondensator

Dargestellt ist die Leistung p(t) für den Kondensator; die Leistung für die Spule ist negativ gleich der Kurve des Kondensators. Die Kurve kann nachvollzogen werden, wenn man sich zu jedem Zeitpunkt versucht, das Produkt aus Spannung und Strom zu bilden. Daraus ergeben sich die Nullstellen sowie auch die Zeitbereiche, in denen die Leistung negativ ist, nämlich genau dann, wenn entweder Spannung oder Strom negativ sind.

Wir erkennen in dem Diagramm, dass die Leistung abwechselnd positiv und negativ ist. Die mittlere Leistung P ist also Null. Es wird also im Mittel keine Wirkleistung aufgenommen oder abgegeben. Weil dies so ist wird die Leistung an Kondensator und Spule als **Blindleistung** bezeichnet und als Buchstabe anstelle von P ein **Q** verwendet. Berechnet wird die Größe der Blindleistung genau wie die Wirkleistung am Widerstand aus den Beträgen von Strom und Spannung:

2.3.2 Scheinleistung

Wir hatten gesehen, dass am Kondensator und an der Spule aufgrund der 90°-Phasenverschiebung zwischen Strom und Spannung reine Blindleistung auftritt. Bei Systemen mit mehreren Komponenten (Mischung aus Wirkleistungs- und Blindleistungsverbrauchern) können beliebige Phasenverschiebungen zwischen Spannung und Strom auftreten.

Ist beispielsweise eine Phasenverschiebung der Zeiger wie in Bild 133 vorhanden, so kann man sich den Strom zerlegt vorstellen in eine Komponente, die die gleiche Phase hat wie die Spannung, den Wirkstrom I_W, sowie eine Komponente, die um 90° gegenüber der Spannung phasenverschoben ist, den Blindstrom I_B.

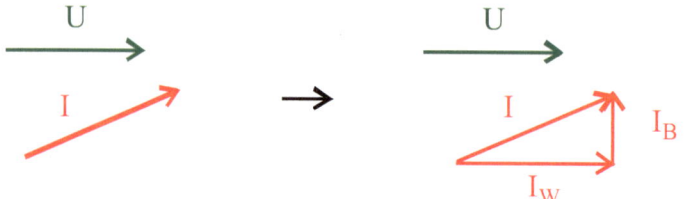

Bild 133: Zerlegung des Stromzeiger in Wirkstrom I_W und Blindstrom I_B

Bilden wir nun die Produkte der Einzelkomponenten des Stromes mit der Spannung, so bekommen wir die Wirkleistung als $P = U \cdot I_W$ und die Blindleistung als $Q = U \cdot I_B$. Man kann sich diese Leistungen nun ebenfalls wieder als Zeiger vorstellen (Bild 134).

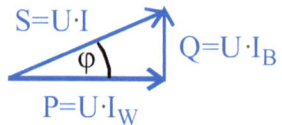

Bild 134: Zeigerdiagramm der Leistungen

Dabei ist der Summenzeiger die sogenannte **Scheinleistung S**. Der Zusammenhang zwischen den Leistungen kann durch folgende Gleichungen beschrieben werden:

Scheinleistung: $\quad S = U \cdot I$ $\qquad\qquad$ Angabe in VA

Blindleistung: $\quad Q = U \cdot I \cdot \sin\varphi = S \cdot \sin\varphi$ $\qquad$ Angabe in var

Wirkleistung: $\quad P = U \cdot I \cdot \cos\varphi = S \cdot \cos\varphi$ $\qquad$ Angabe in W

und auch mit dem Pythagoras: $\quad S = \sqrt{P^2 + Q^2}$

Die Einheit der Leistungen müsste identisch sein, da es sich jeweils um das Produkt aus Strom und Spannung handelt. Da jedoch lediglich die Wirkleistung P eine reale Leistung im physikalischen Sinne darstellt, wird nur hierbei die Einheit Watt (W) verwendet. Bei der Scheinleistung verwendet man das Produkt aus Volt und Ampere, also einfach VA und bei der Blindleistung wird noch ein ‚r' für ‚reaktiv' (rückwirkend) angehängt, um zu kennzeichnen, dass es sich um reine Blindleistung handelt.

Bei induktiven Verbrauchern, insbesondere bei Motoren wird als wichtige Kenngröße der Leistungsfaktor cosφ, also der Winkel zwischen Strom und Spannung angegeben.

In Schaltungen mit mehreren Verbrauchern kann die Gesamtwirkleistung ermittelt werden, indem die Wirkleistungen aller Verbraucher aufsummiert werden.

G. Schmitz: Elektrotechnik für Ingenieurstudenten

Die Gesamtblindleistung erhält man durch Aufsummieren der Blindleistungen aller Verbraucher. Dabei ist zu beachten, dass induktive Blindleistungen positiv, kapazitive Blindleistungen jedoch negativ gezählt werden.

Die Gesamtscheinleistung kann dann wiederum über den Pythagoras berechnet werden.

2.3.3 Wirkarbeit und Blindarbeit

Man fragt sich nun, welche Leistung für die Rechnungsstellung des EVUs (Energieversorgungsunternehmens) entscheidend ist.

In Privathaushalten wird lediglich die Wirkleistung erfasst und abgerechnet. Im industriellen Bereich wird jedoch auch teilweise die Blindleistung getrennt erfasst und abgerechnet (allerdings zu einem günstigeren Preis als die Wirkleistung). Des ist verständlich wenn man sich vor Augen führt, dass zum einen die Blindleistung den Strom in den Leitungen erhöht und somit zu erhöhten Verlsuten in den Leitungen führt, und zum anderen seitens des EVU Einrichtungen bereitgestellt werden müssen, die die Blindleistung bereitstellen. Zwar ist hierfür keine Primärenergie einzusetzen, jedoch müssen sich die Investitionen amortisieren.

Abgerechnet wird die über einen Zahlungszeitraum aufintegrierte Leistung, also die Arbeit. Die Formel für die Berechnung der Arbeit bei konstanter Leistungsabnahme ergibt sich dann ganz einfach zu:

$$W_W = P \cdot t \quad \text{für die Wirkarbeit}$$

$$W_B = Q \cdot t \quad \text{für die Blindarbeit}$$

Auch bei industriellen Verbrauchern ist allerdings ein gewisser Anteil an Blindleistung kostenfrei.

2.3.4 Blindleistungskompensation

Um die Kosten für die Blindarbeit zu verringern, bietet sich die Kompensation vor Ort an. Hierzu wird bei induktiven Verbrauchern eine Kapazität (ein Kondensator), z.B. parallel geschaltet. So kann die induktive Blindleistung (teil-)kompensiert werden (Bild 135).

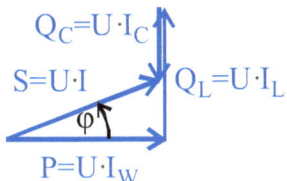

Bild 135: Verbesserung des Faktors cosφ (Teilkompensation) durch kapazitive Blindleistung

2.4 Der Transformator

Für die Übertragung der elektrischen Energie ist es von Vorteil, hohe Spannungen zu verwenden, da dann bei gleicher Leistung die Ströme kleiner und somit die Übertragungsverluste geringer sind. Zur Umsetzung auf hohe Spannungen beim Erzeuger bzw. von hohen auf kleine Spannungen beim Verbraucher werden Transformatoren verwendet. Dabei werden Wicklungen mit unterschiedlichen Windungszahlen auf einen gemeinsamen Eisenkern aufgebracht (siehe Bild 136).

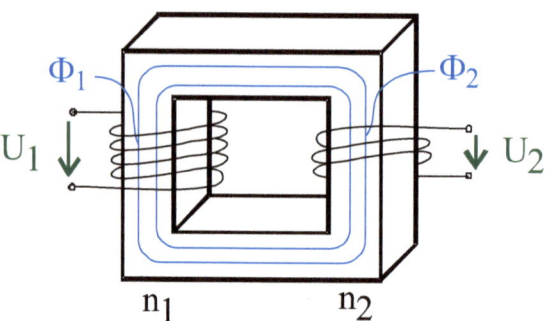

Bild 136: Prinzip eines Transformators

2.4.1 Berechnung von Strömen und Spannungen am idealen Transformator

Wir gehen hier bei der Betrachtung von einem idealen Transformator aus. Dabei soll gelten, dass beide Wicklungen vom gleichen Fluss $\Phi = \Phi_1 = \Phi_2$ durchsetzt sind (kein Streufluss vorhanden). Die Anzahl der Windungen sei auf der Primärseite sei n_1 und auf der Sekundärseite n_2. Dann gilt für die Spannungen (wie in Kapitel 1.6.5 Induktionsgesetz eingeführt):

$$U_1 = n_1 \cdot \frac{d\Phi}{dt} \quad \text{und} \quad U_2 = n_2 \cdot \frac{d\Phi}{dt}$$

Löst man nun beide Gleichungen nach $\frac{d\Phi}{dt}$ auf, so ergibt sich:

$$\frac{d\Phi}{dt} = \frac{U_1}{n_1} \quad \text{und} \quad \frac{d\Phi}{dt} = \frac{U_2}{n_2} \quad \Rightarrow$$

$$\frac{U_1}{n_1} = \frac{U_2}{n_2} \quad \text{bzw.} \quad \frac{U_1}{U_2} = \frac{n_1}{n_2}$$

Die Spannungen sind also proportional zur Windungszahl.

Wie verhält es sich dann mit den Strömen? Dazu nehmen wir eine weitere Eigenschaft des Transformators als ideal an: Für die Betrachtung der Ströme soll der Transformator verlustfrei sein (was annähernd korrekt ist). Dann muss die Leistung, die auf der Primärseite in den Transformator hineinfließt auch vollständig an der Sekundärseite wieder entnommen werden können:

$$P_1 = P_2 \quad \text{und mit } P = U \cdot I : \quad U_1 \cdot I_1 = U_2 \cdot I_2 \quad \Rightarrow$$

$$\frac{I_1}{I_2} = \frac{U_2}{U_1} = \frac{n_2}{n_1}$$

Die Ströme verhalten sich also umgekehrt proportional zu den Windungszahlen.

Bei Vorhandensein von mehr als zwei Wicklungen lassen sich die Spannungen ebenso einfach berechnen. Bild 136a zeigt einen solchen Transformator.

Der magnetische Fluss sei wiederum überall gleich (kein Streufluss):

$$\Phi_1 = \Phi_2 = \Phi_3 = \Phi$$

Daraus ergibt sich für die Spannungen:

$$\frac{d\phi}{dt} = \frac{U_1}{n_1} = \frac{U_2}{n_2} = \frac{U_3}{n_3} \quad \text{und somit:}$$

$$U_2 = \frac{n_2}{n_1} U_1, \quad U_3 = \frac{n_3}{n_1} U_1$$

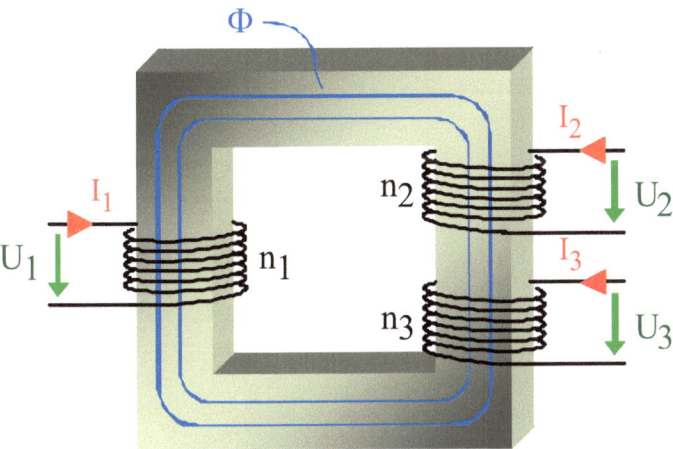

Bild 136a: Transformator mit mehreren Wicklungen

Für die Berechnung der Ströme nutzen wir wieder die Verlustfreiheit des idealen Transformators:

$$\Sigma P = 0 = P_1 + P_2 + P_3$$

Dabei werden Leistungen, die in den Transformator hinein gehen als positiv und diejenigen, die herauskommen als negativ betrachtet. (Beachte hierzu auch die Richtung der angenommenen Ströme gemäß Bild: alle Ströme sind als hineinfließend angenommen).

Die Leistungen lassen sich nun als Produkt der Ströme und Spannungen darstellen:

$$0 = U_1 \cdot I_1 + U_2 \cdot I_2 + U_3 \cdot I_3$$

Unter Ausnutzung der bereits bekannten Beziehung für die Spannungen ergibt sich durch deren Einsetzen:

$$\frac{U_1}{n_1} \cdot n_1 \cdot I_1 + \frac{U_1}{n_1} \cdot n_2 \cdot I_2 + \frac{U_1}{n_1} \cdot n_3 \cdot I_3 = 0$$

Nach Kürzen ergibt sich nunmehr:

$$0 = n_1 \cdot I_1 + n_2 \cdot I_2 + n_3 \cdot I_3 = 0$$

Dies lässt sich auch allgemein für beliebig viele Wicklungen schreiben als:

$$\sum n_i \cdot I_i = 0$$

2.4.2 Wirbelströme

Leider wirkt nicht nur der auf den Kern aufgewickelte Kupferdraht als elektrischer Leiter und nimmt Energie ab. Auch der leitfähige Eisenkern wirkt quasi wie eine (kurzgeschlossene) Sekundärwicklung. In dem Kern wird also quasi eine Spannung induziert, die dann einen Stromfluss im Eisenkern bewirkt. Ein derartiger Strom wird als Wirbelstrom (engl. Eddy- Current) bezeichnet.

Bei den in der Energieversorgung verwendeten Frequenzen von 50Hz werden die Eisenkerne aus gegeneinander isolierten, dünnen Blechen aufgebaut. Ein derartig geblechter Kern weist deutlich geringere Wirbelstromverluste auf.

 G. Schmitz: Elektrotechnik für Ingenieurstudenten

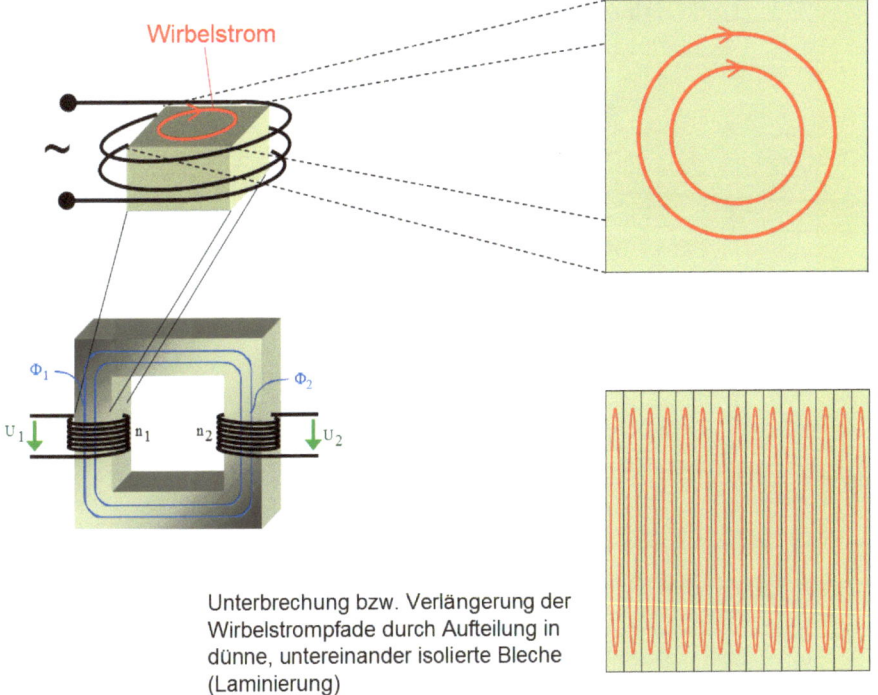

Wirbelstrom

Φ_1 Φ_2
U_1 n_1 n_2 U_2

Unterbrechung bzw. Verlängerung der
Wirbelstrompfade durch Aufteilung in
dünne, untereinander isolierte Bleche
(Laminierung)

Im Bereicht höherer Frequenzen werden sogenannte Ferritkerne verwendet. Dies sind kleine Eisen-
oder Oxydpartikel, die in einer Masse aus Nichtleitendem Material eingebettet sind.

Der Effekt von Wirbelströmen kann aber auch nutzbringend verwendet werden. Bei
Näherungssensoren wird der Effekt genutzt, um die Nähe von leitfähigem Material zu überprüfen. So
erfolgt beispielsweise eine Überprüfung, ob Flugzeugtüren geschlossen sind, mit Hilfe derartiger
Sensoren.

Auch kann der Effekt zum Bremsen genutzt werden. In Stromzählern wird der Wirbelstrom zum
Bremsen genutzt. Als Belastungseinrichtung für Motorenprüfstände wurden lange Zeit vor allem
Wirbelstrombremsen eingesetzt. Durch entsprechende Regelung des speisenden Stromes kann die
Bremswirkung variiert werden.

2.5 Schaltungen mit Gleich- und Wechselstrom

2.5.1 Das Relais

Häufig ist es erforderlich, mit kleinen Strömen große Ströme oder Spannungen zu schalten. Hierzu
werden sogenannte Relais verwendet. Dies sind Elektromagnete, die bei Stromfluss durch den
Magneten einen Kontakt schließen oder öffnen (Prinzip siehe Bild 137).

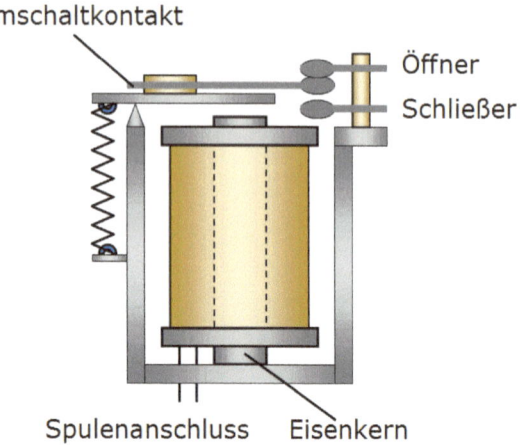

Bild 137: Prinzip eines Relais

Das Relais wird durch ein Symbol dargestellt, das einen oder mehrere Umschaltkontakte aufweist und den Magneten durch ein Rechteck mit einem diagonalen Strich enthält:

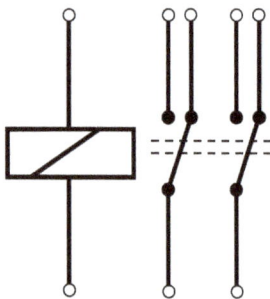

Bild 138 zeigt mehrere praktische Ausführungsformen, unter anderem ein Kammrelais, bei denen auf der Kontaktseite oft bis zu 4 Umschaltkontakte vorhanden sind.

G. Schmitz: Elektrotechnik für Ingenieurstudenten

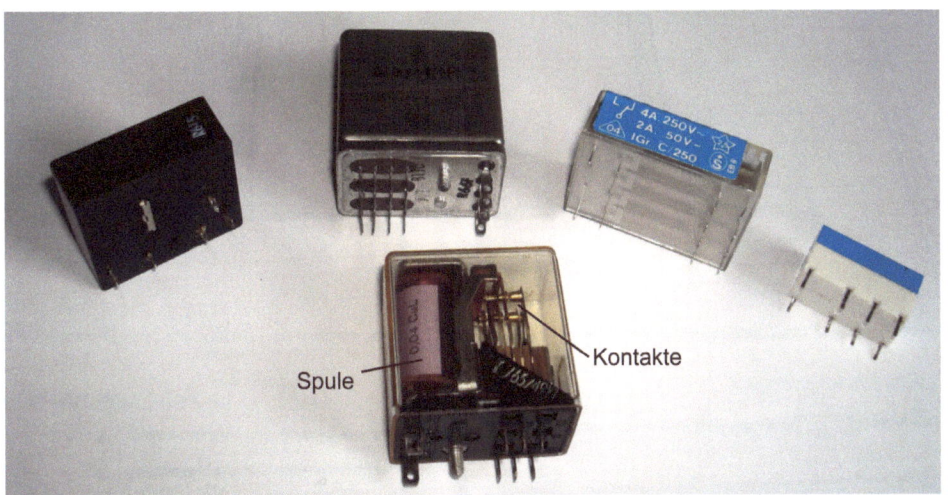

Bild 138: Beispiele für Relais

Sowohl die Ansteuerseite als auch die Kontaktseite können prinzipiell mit Wechsel- oder Gleichstrom betrieben werden. Bei Ansteuerung mit Gleichstrom ist jedoch zu beachten, dass bei Abschalten des Gleichstroms hohe Spannungen auftreten können (siehe Kapitel über die Spule). Deshalb wird bei Betrieb mit Gleichstrom häufig eine „Freilaufdiode" parallel geschaltet, die das Auftreten einer hohen Spannung unterbinden kann, aber auch die Abschaltzeit verlängert. Bei manchen Relais (selten) ist die Freilaufdiode bereits eingebaut. Derartige Relais können dann nicht mit Wechselstrom angesteuert werden.

2.5.2 Hausinstallation

Es soll nur kurz auf die Hausinstallation eingegangen werden. Auffallend ist, dass man bei Steckdosen und Verlängerungskabeln mehr als nur die zur elektrischen Versorgung erforderlichen zwei Leiter vorfindet. Dies erklärt sich durch die zwingend vorgeschriebene Verwendung eines zusätzlichen Schutzleiters (PE = Protection Earth), der leicht durch seine grüngelbe Färbung identifiziert werden kann. Dieser Schutzleiter darf **niemals** anderes als zur Schutzfunktion verwendet werden! Es gibt allerdings auch Geräte, bei denen aufgrund einer Schutzisolierung der Schutzleiter fehlen darf. Diese Geräte sind an den zweipoligen (flachen) Steckern zu erkennen.

Die Zuleitungen zu den einzelnen Räumen im Haus sind üblicherweise getrennt abgesichert (siehe *Bild 139*) und somit auch separat vom Netz trennbar. Zu den Räumen wird dann jeweils eine **Phase** eines 3-Phasennetzes geführt (3-Phasennetz siehe nächstes Kapitel). Lediglich zu Verbrauchern hoher Leistungen werden alle drei Phasen geführt.

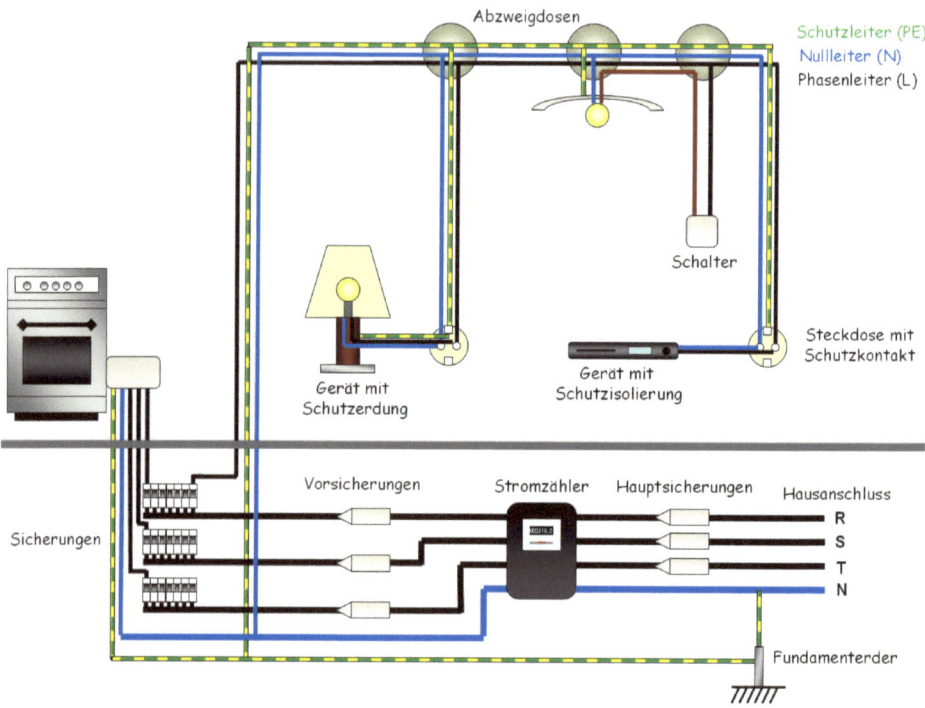

Bild 139: Beispiel für eine Hausinstallation

2.6 Mehrphasennetze

Bei dem Beispiel für die Hausinstallation tauchten zum ersten Mal die Begriffe „Phase" und „Dreiphasennetz" auf. Tatsächlich haben wir es auch in einem normalen Haus nicht nur mit „reinen" Wechselspannungen zu tun sondern vielmehr mit einem Dreiphasennetz, in dem es drei Phasenleiter gibt, deren (sinusförmige) Wechselspannungen um jeweils 120° zueinander verschoben sind.

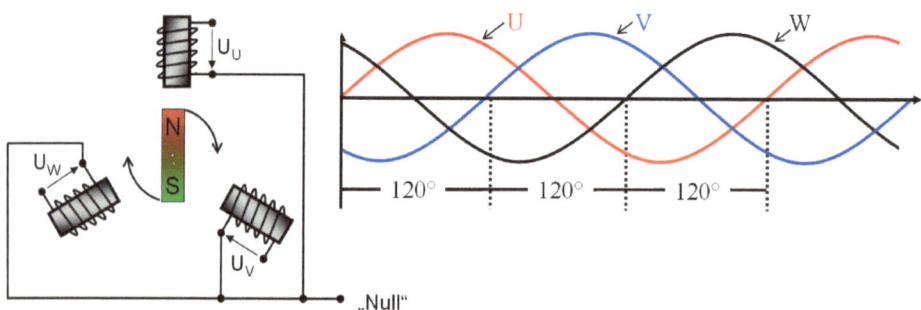

Bild 140: Dreiphasennetz, Erzeugungsprinzip

In Bild 140 ist die Phasenverschiebung dargestellt und die Art der Erzeugung angedeutet: Verteilt man drei Spulen um einen rotierenden Magneten, so erhält man drei entsprechend phasenverschobene Spannungen.

Durch die Zusammenschaltung der Spulen an jeweils einer Seite erhält man ein Dreiphasennetz mit einem gemeinsamen „Nullleiter" und drei um 120° verschobenen Spannungen. Die sich ergebenden 3 Phasenleiter werden bezeichnet als u ,v, w oder R, S, T oder einfach als L1, L2, L3.

2.6.1 Spannungen im Dreiphasennetz

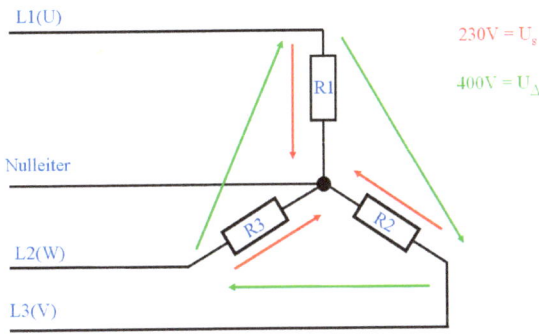

Bild 141: Verbraucher in Sternschaltung

Wie unterscheidet sich der Effektivwert der Spannung von dem eines einzelnen Leiters? Hierzu betrachten wir Bild 141 und Bild 142.

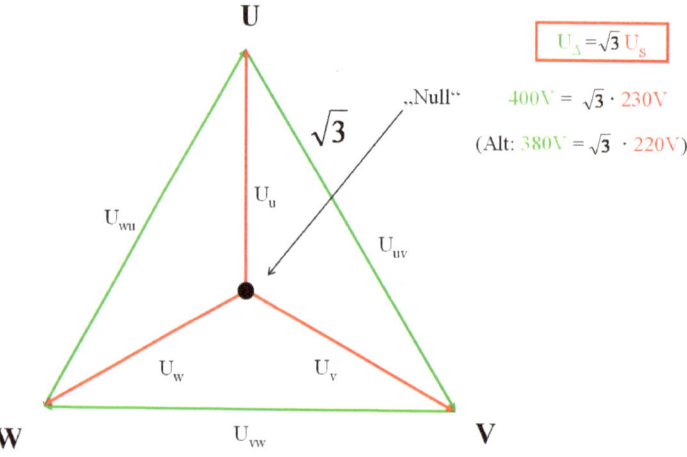

Bild 142: Sternspannung, Außenleiterspannung

Wenn jeder einzelne Phasenleiter gegenüber dem Nullleiter eine Spannung von $U_S = 230V$ aufweist (Sternspannung), so haben die Phasen untereinander eine Spannung von etwa $U_\Delta = 400V$, die so genannte „Außenleiterspannung" (oder auch Dreieckspannung). Der genaue Faktor ergibt sich aus der „geometrischen" Analyse der Zeiger. Misst man in Bild 142 die Längen der Zeiger oder wertet die Winkelbeziehungen über Sinusfunktionen aus, so stellt man fest, dass das genaue Verhältnis der Außenleiterspannung zur Sternspannung $\sqrt{3}$ beträgt (entsprechend einem Zahlenwert von 1,71).

In Dreiphasennetzen wird als Nennwert immer die (höhere) Außenleiterspannung angegeben.

Anmerkung: Im Haushalt gibt es also keine unterschiedlichen Spannungen für „Drehstrom" bzw. „Starkstrom" und die „normale" Spannungsversorgung über einen Phasenleiter und den Nullleiter. Schaltet man einen Verbraucher zwischen einen Phasenleiter und den Nulleiter, so hat man die 230V. Erst wenn der Verbraucher zwischen zwei verschiedene Phasenleiter schaltet, wird er mit 400V versorgt.

2.6.2 Leistungen im Dreiphasennetz

Die Leistungsberechnung im Dreiphasennetz gestaltet sich einfach, wenn man drei gleiche Verbraucher jeweils zwischen einen Phasenleiter und den Nulleiter schaltet (Bild 143). Natürlich muss die Leistung eines jeden Verbrauchers sich aus dem Produkt der anliegenden Spannung, also der Sternspannung und dem jeweiligen Strom berechnen lassen. Die Gesamtwirkleistung muss die Summe der drei Einzelleistungen darstellen und demnach bei drei gleichen Verbrauchern 3mal so groß sein wie die einzelnen Leistungen. Ersetzt man die Sternspannung in der Leistungsformel nun durch die Außenleiterspannung, ergibt sich die endgültige Gleichung für die Gesamtleistung P_G.

G. Schmitz: Elektrotechnik für Ingenieurstudenten

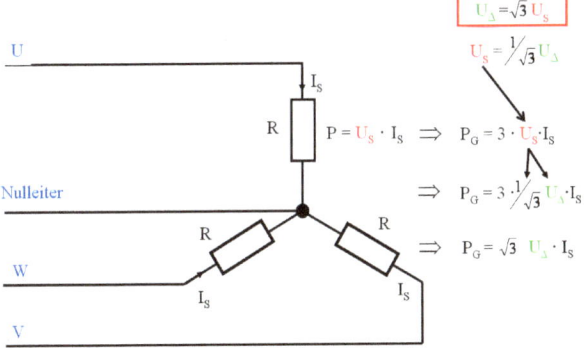

Bild 143: Wirkleistung im Dreiphasennetz

Verallgemeinert man diese Überlegung auf komplexe Verbraucher Z, so erhält man die entsprechende Formel für die Gesamt-Scheinleistung S (Bild 144)

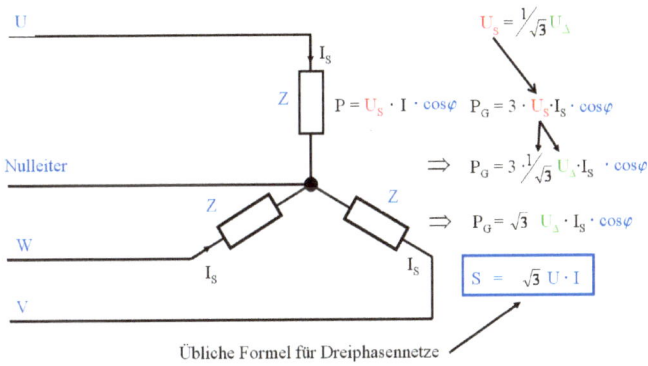

Bild 144: Scheinleistung im Dreiphasennetz

Somit ergibt sich also für die Leistungen im Dreiphasennetz:

$$S = \sqrt{3} \cdot U \cdot I$$

$$P = \sqrt{3} \cdot U \cdot I \cdot \cos\varphi$$

$$Q = \sqrt{3} \cdot U \cdot I \cdot \sin\varphi$$

Dabei ist als Spannung immer die Außenleiterspannung gemeint.

Anmerkung: Würde man eine Formel mit den Sternspannungen aufstellen, so müsste der Faktor $\sqrt{3}$ logischerweise durch 3 ersetzt werden.

2.6.3 Dreieckschaltung

Schaltet man die Verbraucher derart, dass jeder Verbraucher zwischen zwei Phasen liegt und somit mit der Außenleiterspannung versorgt wird, so ergibt sich die so genannte Dreieckschaltung (Bild 145).

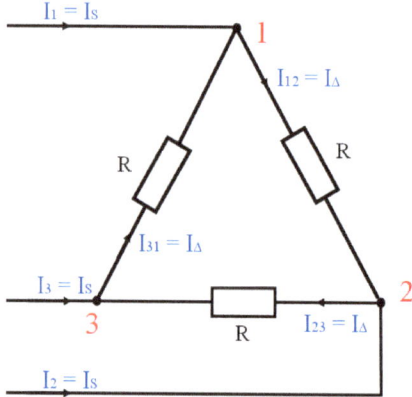

Bild 145: Dreieckschaltung

Die Ströme I_Δ durch die Verbraucher lassen sich nun direkt aus der Außenleiterspannung ermitteln. Um den Zusammenhang zwischen den Strangströmen I_S und den Verbraucherströmen I_Δ zu ermitteln, können wir die Leistungen betrachten. Jeder Verbraucher nimmt die Leistung $S_1 = U_\Delta \cdot I_\Delta$ auf. Die Gesamtleistung ist dann 3 mal so hoch:

$$S = 3 \cdot U_\Delta \cdot I_\Delta$$

Natürlich muss die allgemeine Leistungsgleichung aus dem vorigen Kapitel weiterhin gelten, also:

$$S = \sqrt{3} \cdot U_\Delta \cdot I_S$$

Durch Gleichsetzen erhalten wir also:

$$\sqrt{3} \cdot U_\Delta \cdot I_S = 3 \cdot U_\Delta \cdot I_\Delta \qquad \Rightarrow$$

$$I_S = \sqrt{3} \cdot I_\Delta$$

2.6.4 Stern-Dreieck Umschaltung

Durch Umschalten zwischen einer sternförmigen Anordnung der Verbraucher und einer dreieckförmigen Anordnung Bild 146 kann die Leistungsaufnahme der Verbraucher drastisch verändert werden.

G. Schmitz: Elektrotechnik für Ingenieurstudenten

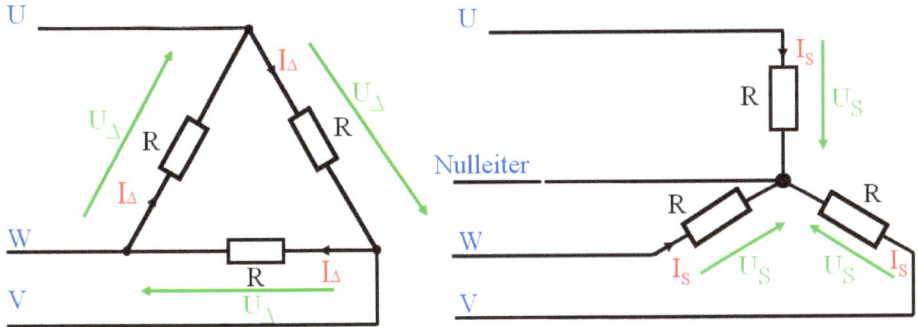

Bild 146: Stern/Dreieckumschaltung

Bei der Sternschaltung liegt an jedem Verbraucher die Sternspannung an. Daraus folgt für die Gesamtleistung:

$$P_S = 3 \cdot \frac{U_S^2}{R}$$ und mit $U_\Delta = \sqrt{3} \cdot U_S$ ergibt sich: $$P_S = \frac{U_\Delta^2}{R}$$

Bei der Dreieckschaltung liegt hingegen die höhere Außenleiterspannung an. Dort gilt:

$$P_\Delta = 3 \cdot \frac{U_\Delta^2}{R}$$ also ist die Leistung bei der Dreieckschaltung 3-mal so hoch wie bei der Sternschaltung. Dieser Effekt wird zum Beispiel genutzt, um Drehstrommotoren in der Leistungsaufnahme umschalten zu können.

An dieser Stelle sei noch angemerkt, dass sich die Ströme im Sternpunkt von symmetrischen 3-Phasennetzen (also alle 3 Verbraucher gleich) aufheben aufgrund ihrer gleichen Beträge und jeweils 120° unterschiedlichen Phasenwinkel. Damit kann der Nullleiter im Prinzip auch entfallen.

2.6.5 Stern-Dreieck Umwandlung

Bei unsymmetrischen Drehstromsystemen besteht manchmal das Problem, dass man die Widerstände einer Dreieckschaltung in eine Sternschaltung umrechnen muss, so dass die ermittelten Widerstände bezüglich der äußeren Klemmen das gleiche Verhalten wie bei der Dreieckschaltung aufweisen.

In Bild 147 sind die entsprechenden Formeln für die Umwandlung in beiden Richtungen dargestellt.

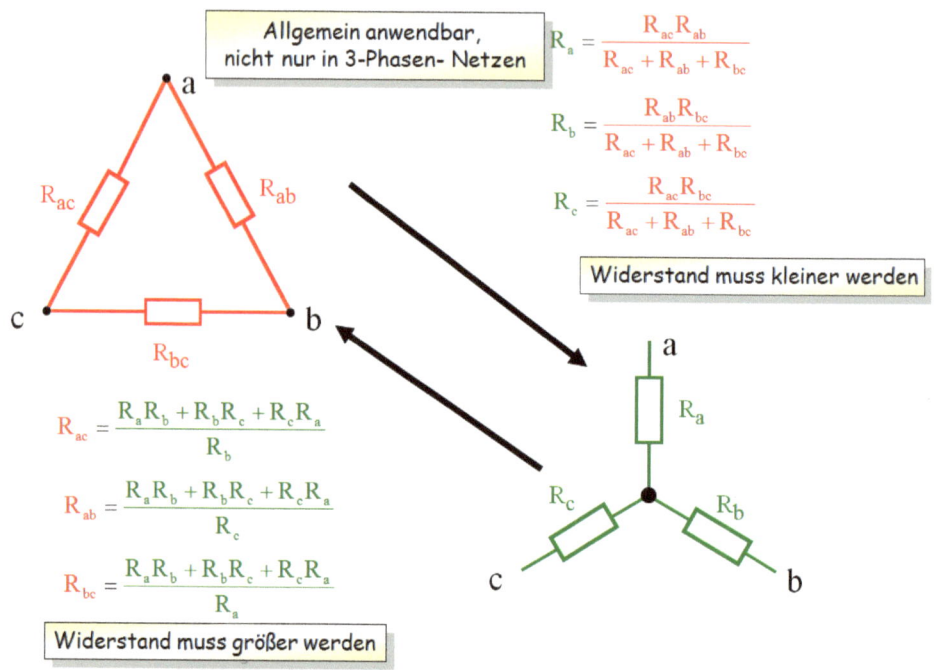

Allgemein anwendbar, nicht nur in 3-Phasen- Netzen

$$R_a = \frac{R_{ac} R_{ab}}{R_{ac} + R_{ab} + R_{bc}}$$

$$R_b = \frac{R_{ab} R_{bc}}{R_{ac} + R_{ab} + R_{bc}}$$

$$R_c = \frac{R_{ac} R_{bc}}{R_{ac} + R_{ab} + R_{bc}}$$

Widerstand muss kleiner werden

$$R_{ac} = \frac{R_a R_b + R_b R_c + R_c R_a}{R_b}$$

$$R_{ab} = \frac{R_a R_b + R_b R_c + R_c R_a}{R_c}$$

$$R_{bc} = \frac{R_a R_b + R_b R_c + R_c R_a}{R_a}$$

Widerstand muss größer werden

Bild 147: Stern/Dreieckumwandlung

G. Schmitz: Elektrotechnik für Ingenieurstudenten

3 Elektrische Maschinen

In diesem Kapitel geht es im Wesentlichen um Motoren; Generatoren werden nur am Rande besprochen. Allgemein werden Motoren und Generatoren zusammenfassend als „Elektrische Maschinen" bezeichnet. In der Technik werden Elektrische Maschinen am häufigsten in der Anwendung als **Motoren** betrieben und auch nur für den motorischen Betrieb ausgelegt. Dabei erstreckt sich das Spektrum von Kleinstmotoren z.B. in Spielzeugen und Stellanwendungen über kleine Motoren in Haushaltsgeräten bis hin zu großen Antriebsmotoren für industrielle Anwendungen. Bei **Generatoren** beginnt das Spektrum bei Tachogeneratoren, die als Drehzahlsensoren verwendet werden über Kleingeneratoren (z.B. Lichtmaschine im Kfz) über größere Generatoren für Leistungen im 100kW-Bereich (Verkehrsflugzeuge) bis hin zu großen Kraftwerksgeneratoren. Zunehmend werden auch Generatoren der mittleren Leistungsklasse auch zur Stromerzeugung durch Windkraftanlagen genutzt.

Für **kombinierten Motor/Generatorbetrieb** werden elektrische Maschinen als Belastungs- und Schleppmaschinen beispielsweise im Bereich der Verbrennungsmotorenprüfstandstechnik eingesetzt. Eine künftig immer häufigere Anwendung ergibt sich bei den Kraftfahrzeugen mit Hybridantrieb oder auch bei reinen Elektrofahrzeugen. Der Generatorbetrieb wird hierbei vom allem zur Bremsenergierückgewinnung genutzt.

Eine weitere Anwendung für Elektrische Maschinen ist der Betrieb als Phasenschieber, bei dem nicht die Erzeugung von Wirkleistung der Zweck ist, sondern vielmehr die „Erzeugung" von Blindleistung. Hierauf soll jedoch in den folgenden Kapiteln nicht näher eingegangen werden.

3.1 Gleichstrommotoren

Ein breites Anwendungsfeld wird durch die Gleichspannungsmotoren abgedeckt. Je nach Einsatzbereich und Leistungsanforderung werden unterschiedliche Typen eingesetzt, bei der die Erzeugung des Magnetfeldes auf unterschiedliche Weisen vorgenommen wird.

3.1.1 Permanenterregter Motor

Das allgemeine Funktionsprinzip eines Gleichstrommotors ist in Bild 147 dargestellt.

In einem von Permanentmagneten erzeugten Magnetfeld ist ein Anker (Rotor) drehbar gelagert, der über einen speziellen Schleifring (Kommutator) mit Strom versorgt wird. Dieser Kommutator sorgt dafür, dass die Stromrichtung durch den Magneten des Läufers immer so gepolt ist, dass das Magnetfeld ein Moment in gleichbleibender Richtung auf den Rotor ausübt. Im Bild erkennt man, dass die Umpolung gerade dann erfolgt, wenn der Anker sich in horizontaler Stellung befindet.

Die Zufuhr des Ankerstromes erfolgt über sogenannte Bürsten. Hiefür wird häufig Graphit verwendet („Kohlebürsten"), das teilweise noch mit Metallpartikeln versetzt ist. In manchen Fällen werden auch Bürsten (Schleifkontakte) aus Metall verwendet.

Durch den Abrieb, der sich im Betrieb ergibt, müssen während der Lebensdauer des Motors die Bürsten unter Umständen mehrfach erneuert werden.

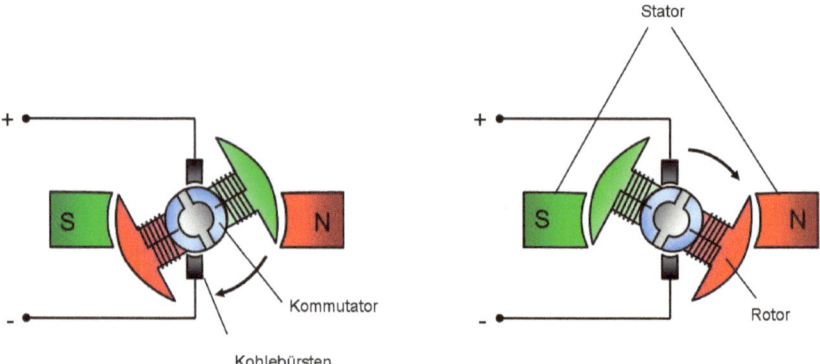

Bild 148: Allgemeines Prinzip des Gleichstrommotors dargestellt an der Permanent erregten Maschine

Zur Betrachtung des elektrischen Verhaltens des Motors verwendet man ein elektrisches Modell des Motors. Vor der Spule kennen wir schon das Vorgehen, dass man den Spulenwiderstand und die Induktivität der Spule als zwei diskrete Komponenten darstellt, obwohl die beiden Eigenschaften untrennbar miteinander verbunden sind. Beim Permanent erregten Motor werden der Ankerwiderstand R_A und die Induktivität L_A des Ankers und die durch das sich ändernde Magnetfeld induzierte (Gegen-)Spannung U_P getrennt dargestellt (siehe Bild 148).

G. Schmitz: Elektrotechnik für Ingenieurstudenten

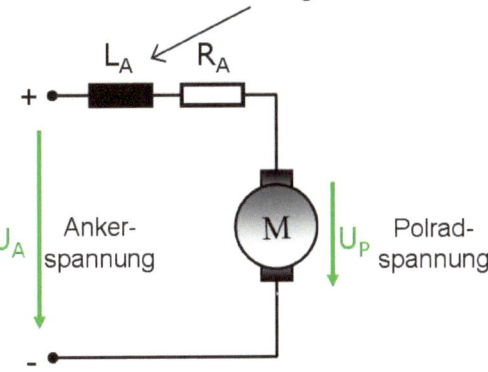

Bild 149: Elektrisches Modell einer Permanenterregten Gleichstrommaschine (PMDC)

Geht man von stationärem Betrieb und somit von einem im Wesentlichen konstanten Ankerstrom aus, so wird die Spannung an der Ankerinduktivität vernachlässigbar klein sein und die Induktivität kann in einem vereinfachten Ersatzschaltbild weggelassen werden (siehe Bild 149).

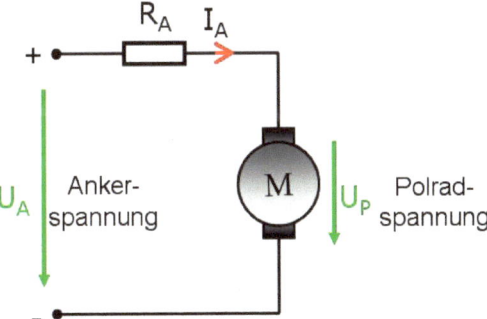

Bild 150: Vereinfachtes Ersatzschaltbild einer Permanenterregten Gleichstrommaschine (PMDC)

Zur Analyse des Verhaltens der Permanent erregten Gleichstrommaschine machen wir uns zunächst klar, dass die Spannung, die im Rotor aufgrund des sich ändernden Magnetfeldes induzierte Spannung, die sogenannte Polradspannung (U_P), proportional zur Änderung des magnetischen Flusses ist:

$$U_P \sim \frac{d\phi}{dt}$$

Die Änderungsgeschwindigkeit des Flusses ist von der Rotationsgeschwindigkeit ab, die wir im Folgenden durch die mechanische Drehzahl n_{Mech} ausdrücken wollen. Also können wir schreiben:

$$U_P = c \cdot \phi \cdot n_{Mech}$$

wobei c eine Konstante ist, die von der jeweiligen Bauform der Maschine abhängt.

Da bei einer Permanent erregten Maschine auch der Fluss nur von der Bauart (im Wesentlichen von der Stärke des Permanentmagneten) abhängt und sich bei einer vorhanden Maschine nicht ändert, können wir diesen in die Konstante mit einbeziehen und schreiben die Gleichung mit der Konstante k_e, die c und Φ enthält:

$$U_P = k_e \cdot n_{Mech} \qquad \text{(Gleichung 3.1.1.0)}$$

Der Index e bezieht sich auf die angelsächsische Bezeichnung Back-EMF für die induzierte Gegenspannung zur Betriebsspannung (EMF = Electromotive Force).

Als nächstes betrachten wir die Leistungen an der Maschine. Die gesamte von der Maschine aufgenommene elektrische Leistung kann aus dem Produkt von Gesamtspannung U_A und Ankerstrom I_A berechnet werden:

$$P_{Ges} = U_A \cdot I_A$$

Die elektrischen Verluste entstehen bei der vereinfachten Betrachtung nur im Ankerwiderstand (Wirbelstromverluste seine hier vernachlässigt):

$$P_{Verlust} = R_A \cdot I_A^2$$

Die Leistung, die in den Rotor gespeist wird und als mechanische Leistung zur Verfügung steht berechnet sich aus der Polradspannung und dem Ankerstrom:

$$P_{Mech} = U_P \cdot I_A$$

Die mechanische Leistung kann andererseits aus den mechanischen Größen Moment und Winkelgeschwindigkeit bzw. Drehzahl ermittelt werden:

$$P_{Mech} = M \cdot \omega_{Mech} = M \cdot 2\pi \cdot n_{Mech}$$

Setzt man nun die beiden letzten Gleichungen gleich, so erhält man den folgenden Zusammenhang zwischen elektrischen und mechanischen Größen:

$$U_P \cdot I_A = M \cdot 2\pi \cdot n_{Mech}$$

Durch Einsetzen von U_P aus Gleichung 3.1.1.0 ergibt sich:

$$k_e \cdot n_{Mech} \cdot I_A = M \cdot 2\pi \cdot n_{Mech}$$

G. Schmitz: Elektrotechnik für Ingenieurstudenten

nach Kürzen der Drehzahl n_{Mech} ergibt sich nun der Zusammenhang zwischen Strom und Drehmoment:

$$k_e \cdot I_A = M \cdot 2\pi$$

Fasst man nun noch die Konstante k_e mit 2π zusammen:

$$k_T = \frac{k_e}{2\pi}$$

ergibt sich für den Zusammenhang zwischen Strom und Drehmoment:

$$M = k_T \cdot I_A \qquad \text{(Gleichung 3.1.1.1)}$$

Der Index T bezieht sich auf die angelsächsische Bezeichnung Torque (Drehmoment)

Man erkennt also aus dieser Gleichung, dass das Moment proportional zum Strom und aus Gleichung 3.1.1.0, dass die Drehzahl proportional zur Spannung - allerdings nur der Polradspannung ist. Der genaue Zusammenhang ergibt sich aus dem Maschenumlauf, den wir im Ersatzschaltbild vornehmen können:

$$U_P = U_A - R_A \cdot I_A$$

Nun setzen wir U_P aus Gleichung 3.1.1.0 ein und es ergibt sich:

$$k_e \cdot n_{Mech} = U_A - R_A \cdot \frac{M}{k_T}$$

Wir bringen k_e auf die andere Seite und erhalten:

$$n_{Mech} = \frac{U_A}{k_e} - R_A \cdot \frac{M}{k_T \cdot k_e}$$

Weil k_e und k_T sich nur um den Faktor 2π unterscheiden, können wir k_e leicht durch k_T ersetzen und erhalten:

$$n_{Mech} = n_0 - \frac{R_A}{k_T \cdot k_e} \cdot M = n_0 - \frac{R_A}{k_T^2} \cdot 2\pi M \qquad \begin{array}{c} \text{mit der} \\ \text{Leelaufdrehzahl} \end{array} \qquad n_0 = \frac{U_A}{k_e}$$

Aus der Formel erkennt man, dass die Drehzahl linear mit dem belastenden Moment abnimmt.

Dieser Zusammenhang ist in Bild 150 dargestellt. Die Leerlaufdrehzahl hängt dabei von der an den Motor angelegten Spannung U_A und von der Konstanten k_e ab. Weiterhin existiert in der Realität noch ein Reibmoment, das auch ohne Last wirksam ist, so dass in der Realität die gemessenen Leerlaufdrehzahl geringfügig unterhalb von der berechneten liegt.

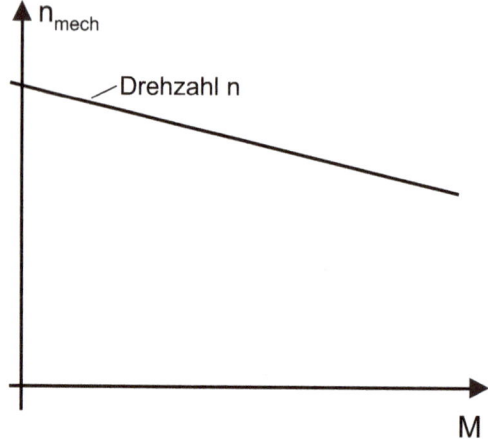

Bild 151: Drehzahl/Drehmoment- Kennlinie einer Permanenterregten Gleichstrommaschine (PMDC)

Aus den oben hergeleiteten Formeln lassen sich in dem Diagramm auch zusätzlich die Verläufe für Strom, Leistung und Wirkungsgrad einzeichnen (siehe Bild 151). Dabei ist der Wirkungsgrad von 100% bei Leerlaufdrehzahl natürlich unrealistisch, da zum einen gar keine mechanische Leistung abgerufen wird und zum anderen in der Praxis Verluste dazukommen, die in der Rechnung nicht berücksichtigt wurden. Dies sind zum einen die gerade schon erwähnten Reibungsverluste im Motor selbst als auch Wirbelstromverluste, Hystereseverluste im Eisen, Verluste an den Bürsten und auch Verluste durch die Kommutierung.

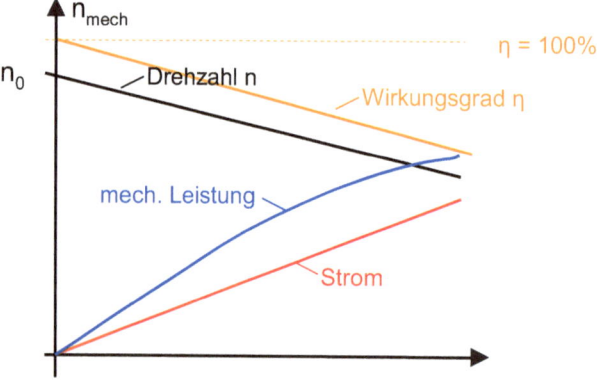

Bild 152: Weitere Kennlinien einer Permanenterregten Gleichstrommaschine (PMDC)

G. Schmitz: Elektrotechnik für Ingenieurstudenten

Anwendungsgebiete für Permanent erregte Gleichstrommotoren sind unter anderem:

- Kleinmotoren in elektrischen Geräten, Spielzeugen usw.
- Stellmotoren im Kfz etc.
- Servomotoren, Antrieb für Servoventile
- seit einiger Zeit auch als Anlasser im Kfz (starke Permanentmagnete mittels „Seltener Erden")
- Als „Tachogenerator" zur Drehzahlmessung

3.1.2 Fremderregter Motor

Bei dem fremderregten Motor wird das Magnetfeld nicht von einem Permanentmagneten sondern durch eine zusätzliche Kupferwicklung erzeugt. Hierdurch ergibt sich die Möglichkeit, das Magnetfeld und somit auch die Charakteristik der Maschine zu beeinflussen. Die Konstanten kE und kT hängen dann von Stromfluss durch die Erregerwicklung I_E ab und auch die Leelaufdrehzahl ergibt sich dann abhängig von dem Erregerstrom. Unterschiedliche Spannungen U_F an der Feldwicklung führen dann zu den gewünschten Erregerströmen.

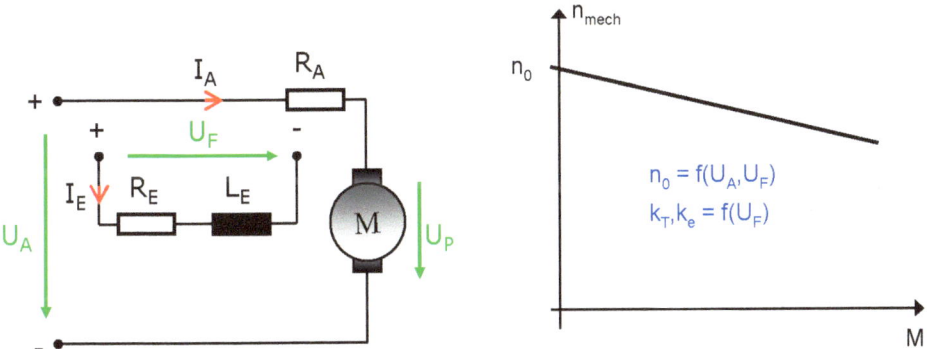

Bild 153: Fremderregte Gleichstrommaschine mit Drehmomentverlauf

Der Verlauf des Drehmomentes über der Drehzahl entspricht aber natürlich dem der Permanent erregten Maschine, lediglich die Skalierungen ergeben sich unterschiedlich.

3.1.3 Nebenschluss Motor

Beim Nebenschlussmotor ist die Erregerwicklung zu der Ankerwicklung parallel geschaltet. Somit hat man fast dieselbe Situation wie bei der fremderregten Maschine. Lediglich ist der Erregerstrom fest an die Betriebspannung gekoppelt (siehe Bild 153).

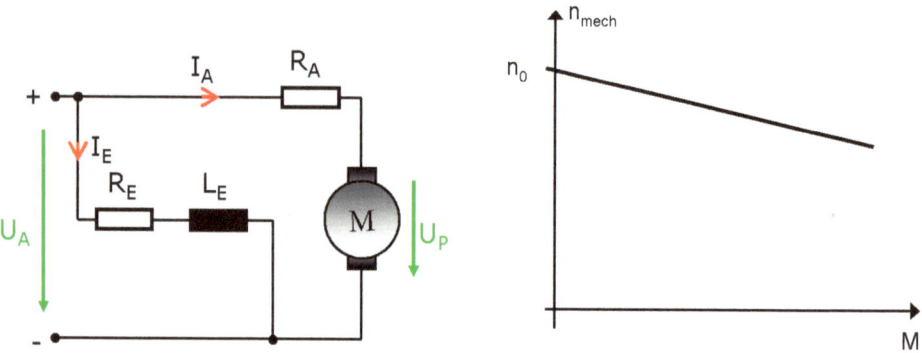

Bild 154:Schaltung des Nebenschlussmotors mit Drehmomentverlauf

Somit ergibt sich hier auch eine gleichartige Drehmoment/Drehzahl-Kennlinie.

Eingesetzt werden Nebenschlussmaschinen z.B. bei Werkzeugmaschinen.

Aspekte bei der Anwendung:

- Nebenschlussmotoren haben eine „harte" Kennlinie (kleiner Drehzahlabfall bei Belastung)

- Nebenschlussmotoren können bei Abschalten der Erregerwicklung „durchgehen" (zu hohe Drehzahl). Dies liegt an dem dann fehlenden Magnetfeld (bis auf vorhandene Restmagnetisierungen) und der somit praktisch nicht vorhandenen Gegenspannung U_P.

3.1.4 Reihenschluss Motor

Schaltet man die Erregerwicklung in Reihe zur Ankerwicklung, so ist das Erregerfeld bei kleiner mechanischer Last aufgrund des dann auch kleinen Ankerstroms ($I_A = I_E$) sehr klein (Zusammenhang zwischen Moment und Strom: Gleichung 3.1.1.1). Somit wird die Leerlaufdrehzahl sehr hoch und ist quasi nur begrenzt durch das innere Reibmoment der Maschine. Bei großer mechanischer Last wird dagegen die Drehzahl sehr klein. Die aufgenommene Leistung beim Stillstand (Anlauf) hält sich damit in Grenzen.

G. Schmitz: Elektrotechnik für Ingenieurstudenten

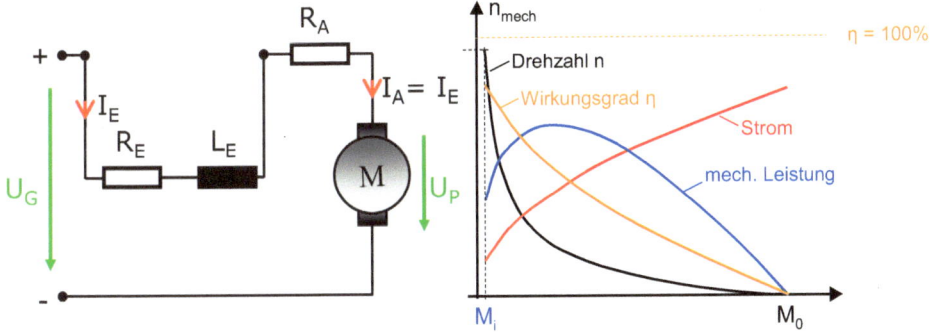

Bild 155: Schaltbild Reihenschlussmotor mit Drehmomentverlauf und weiteren charakteristischen Verläufen

Verknüpft man die schon bekannten Gleichungen für Ströme, Spannungen, Moment und Drehzahl, so erhält man die Formel für die Drehzahl:

$$n_{Mech} = \frac{U_G}{\sqrt{2\pi cM}} - \frac{R_A + R_E}{c}$$

wobei c eine Maschinen-spezifische Konstante ist. Man erkennt, dass für den Grenzübergang M→0 die Drehzahl gegen unendlich geht. Durch das Vorhandensein eines inneren (drehzahlabhängigen) Reibmomentes M_i ist die Leerlaufdrehzahl natürlich endlich und ergibt sich bei Einsetzen des inneren Momentes in die Formel.

Auch lässt sich das Stillstandsmoment aus der Formel bestimmen. Denn es gilt

$$\text{für } n = 0: \qquad \frac{U_G}{R_A + R_E} = \sqrt{\frac{2\pi M}{c}}$$

Somit ergibt sich das Stillstandsmoment zu:

$$M_0 = \frac{c}{2\pi} \cdot \left(\frac{U_G}{R_A + R_E} \right)^2$$

Aufgrund der gutmütigen Anlaufeigenschaften wird die Gleichstrom-Reihenschlussmaschine (GRM) in vielen Anwendungen eingesetzt:

- Haushaltsgeräte (Mixer, Staubsauger, Bohrmaschine)
- Anlasser im Kfz (werden zunehmend von Permanenterregten GM ersetzt)
- Straßenbahnantrieb
- teilw. Werkzeugmaschinen
- generell größere Gleichstrommotoren, weil Kosten für Permanentmagnete zu groß würden

Aspekte bei der Anwendung:

- Reihenschlussmotoren haben ein großes Anzugsmoment
- Reihenschlussmotoren können ohne Belastung „durchgehen" (zu hohe Drehzahl)

Eine Variante stellt der Doppelschlussmotor (Compound-Motor) dar. Dabei wird ein Teil der Erregerwicklung in Reihe und ein anderer Teil parallel zum Ankerkreis geschaltet. Durch entsprechende Auslegung der Wicklungen lassen sich unterschiedliche Drehmoment/Drehzahl Kennlinien realisieren. Ein Beispiel zeigt Bild 155.

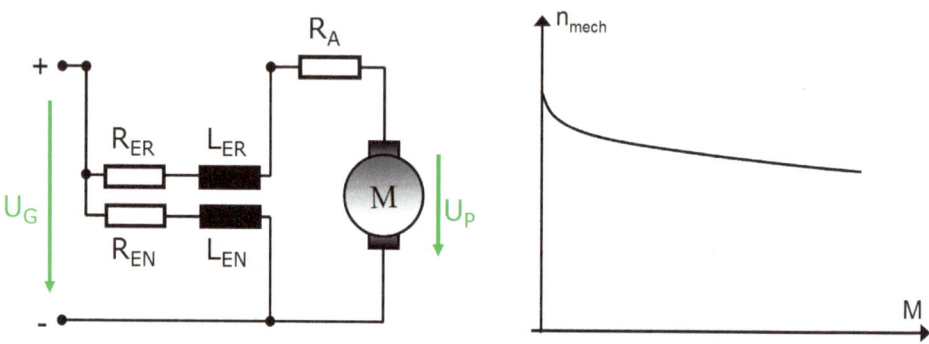

Bild 156: Doppelschluss- (Compound-)Motor mit Beispiel für Kennlinie

3.1.5 Drehrichtungsumkehr bei Gleichstrommotoren, Allstrommotor

Eine Änderung der Drehrichtung ist bei Permanenterregten Gleichstrommotoren durch einfaches Umpolen der Versorgungsspannung möglich   50

. Die Magnetkräfte wirken dann jeweils in die entgegengesetzte Richtung. Bei den Maschinentypen mit Erregerwicklung muss entweder der Ankerkreis oder die Erregerwicklung umgepolt werden, da ansonsten die Kräfte wieder jeweils in der gleichen Richtung wir vorher wirken.

Dass aus einer Umpolung der gesamten Maschine keine Drehrichtungsumkehr resultiert, kann man sich zu Nutze machen. Es bedeutet nämlich, dass auch bei Versorgung mit Wechselstrom ein mittleres Moment in einer Richtung erzeugt wird. Somit eignet sich eine „Gleichstrommaschine" auch prinzipiell als „Wechselstrommotor". Allerdings entsteht sowohl in dem Rotor (Anker) als auch in dem Stator (Erregerwicklung) ein wechselnder magnetischer Fluss. Zur Vermeidung von Wirbelströmen müssen dann beide Komponenten geblecht aufgebaut werden (siehe auch Kapitel über Wirbelströme).

Derartige Motoren bezeichnet man dann auch als „Allstrommotoren" oder „Universalmotoren". So erklärt sich dann auch die oben schon aufgeführte Anwendung in Haushaltsgeräten am Wechselstromnetz.

G. Schmitz: Elektrotechnik für Ingenieurstudenten

Allgemeine Aspekte bei der Verwendung von Gleichstrommotoren

Gleichstrommotoren sind einfach in der Anwendung und lassen sich durch Änderung der Versorgungsspannung einfach regeln.

Nachteilig ist im praktischen Einsatz jedoch der Verschleiß der Bürsten/Kohlen und je nach Einsatz auch das mögliche Bürstenfeuer, das bei der Kommutierung entstehen kann.

3.2   Drehfeldmotoren

Bei den im Folgenden besprochenen Maschinen wird die kontinuierliche Drehung nicht durch einen winkelabhängigen Kommutiervorgang ausgelöst sondern durch ein rotierendes magnetisches Feld, das beispielsweise durch Anschluss der Maschine an ein Mehrphasensystem erzeugt wird.

3.2.1 Synchronmotor

Um den Synchronmotor verstehen zu können, stellen wir uns zunächst einen feststehenden und einen drehbar gelagerten Permanentmagneten vor (siehe Bild 156). Wird der drehbar gelagerte Magnet aus seiner Gleichgewichtsposition verdreht, so wird ein Rückstellmoment wirksam. Zunächst wächst dieses Moment mit dem Verdrehwinkel, dem sogenannten Polradwinkel, an, nimmt aber schließlich wieder ab und ist in der labilen Gleichgewichtslage (wenn der Magnet genau um 180° verdreht ist) wieder Null.

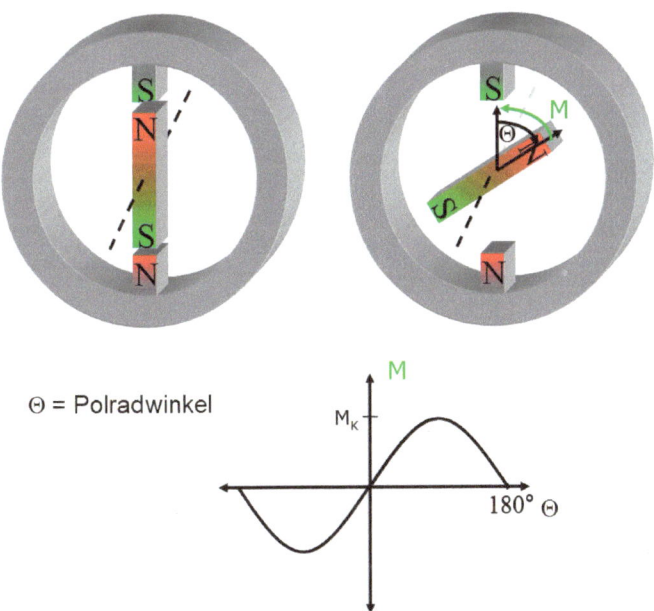

Bild 157: Prinzip der Synchronmaschine mit Drehmomentverlauf über Polradwinkel

Nun stellen wir uns vor, dass anstelle des inneren der äußere Magnet um die selbe Achse gedreht wird. Dann versucht der innere Magnet dem äußeren zu folgen. Verbindet man nun mit dem inneren Magneten eine anzutreibende Welle, so wird diese mitgedreht. Je größer allerdings ein externes Moment ist, das von der Welle auf den inneren Magneten aufgebracht wird, desto größer wird der Polradwinkel, um den der innere Magnet dem äußeren nacheilt. Der Polradwinkel wird auch als „Lastwinkel" bezeichnet.

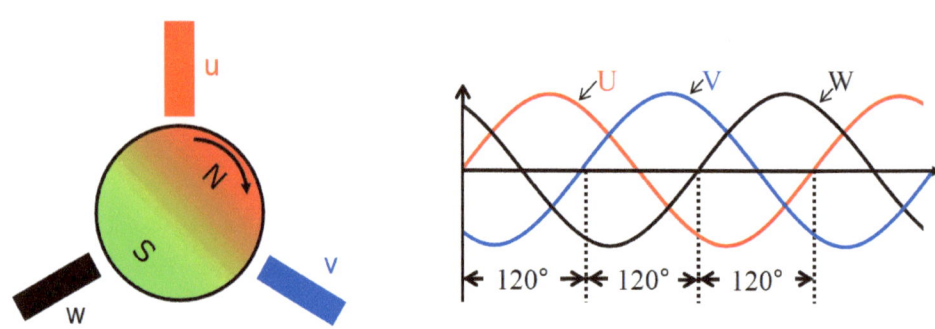

Bild 158: Prinzipieller Aufbau einer Synchronmaschine und Phasenverschiebung der Magnetfelder in den Spulen

Verwendet man nun anstelle des äußeren Magneten eine Anordnung mehrerer (feststehender) Spulen, die phasenversetzt gespeist werden so entsteht ein rotierendes Magnetfeld, das den permanent magnetisierten Rotor mitdreht (siehe Bild 157). Je größer das Moment ist, mit dem der Rotor belastet wird, umso größer wird der Polradwinkel (der Versatz zwischen dem magnetischen Drehfeld des äußeren Magnetfeldes und der Ausrichtung des Rotors). Wird ein gewisser Polradwinkel (90°) überschritten, kann die Maschine kein ausreichendes Moment mehr aufbringen, um den Rotor weiter mit der Drehgeschwindigkeit des äußeren Feldes mitzuziehen, die Maschine fällt außer Tritt. Dann ist das mittlere Moment Null, da sich Phasen mit positivem und negativem Moment abwechseln (Pendelmoment). In Bild 158 ist der Verlauf von Drehzahl, Drehmoment und Polradwinkel dargestellt.

G. Schmitz: Elektrotechnik für Ingenieurstudenten

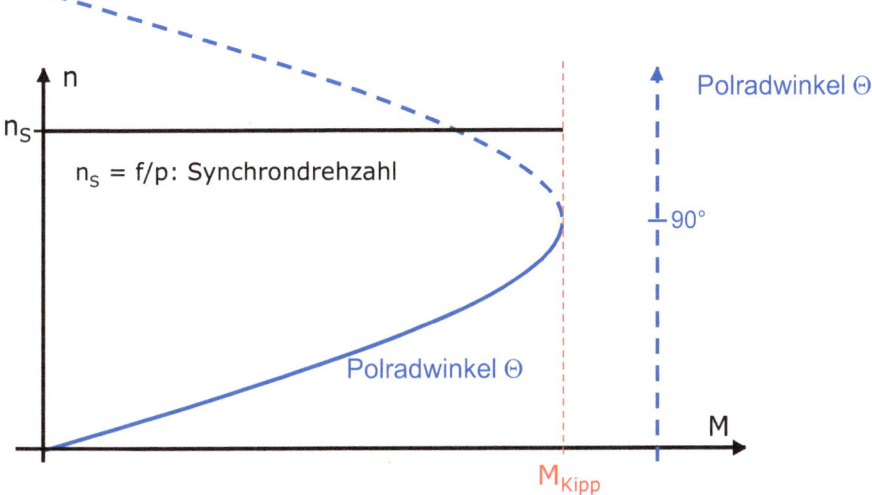

Bild 159: Zusammenhang zwischen Drehmoment und Drehzahl beim Synchronmotor

Man erkennt, dass die Drehzahl bei zunehmender Belastung gleichbleibt. Lediglich der Polradwinkel nimmt zu, bis das maximale Moment (Kippmoment) überschritten wird.

Die Drehzahl hängt also lediglich von der Drehgeschwindigkeit des äußeren Magnetfeldes ab. Diese ergibt sich aus der speisenden Frequenz und der sogenannten Polpaarzahl p, die angibt, wie häufig die Phasenwicklungen U, V, W sich auf dem Umfang wiederholen; somit berechnet sich also die Synchrondrehzahl der Maschine zu:

$$n_S = \frac{f}{p}$$

oder mit der entsprechenden Umrechnung zwischen der in der Elektrotechnik üblichen Einheit Hertz in die im Maschinenbau üblichere Einheit für Drehbewegungen min^{-1}:

$$n_S[\text{min}^{-1}] = \frac{60 \cdot f[\text{Hz}]}{p}$$

Für eine Polpaarzahl ‚eins' und der in Europa üblichen Netzfrequenz von 50Hz ergibt sich also eine Synchrondrehzahl von 3000min^{-1}.

Eine mehrpolige Maschine mit der Polpaarzahl zwei ist beispielhaft in Bild 159 dargestellt. Man erkennt im Rotor die Anordnung der Permanentmagnetisierungen, die ebenfalls entsprechend der Polpaarzahl angepasst werden müssen.

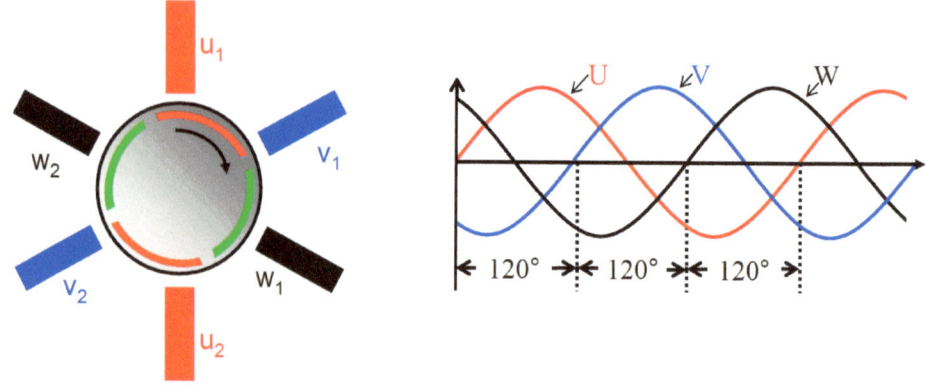

Bild 160: Beispiel für Anordnung der Spulen bei Synchronmaschine mit zwei Polpaaren

In der Praxis überlappen sich die einzelnen Phasenwicklungen häufig, um einen gleichmäßigeren Drehmomentverlauf zu erzielen.

Bei größeren Motoren wird die Erzeugung des Rotormagnetfeldes durch Elektromagneten übernommen. Die Zuführung des Gleichstroms erfolgt dann über Schleifringe.

Theoretisch haben Synchronmaschinen kein Anlaufmoment, da abseits von der Synchrondrehzahl ja kein mittleres Moment entwickelt werden kann. Durch spezielle Maßnahmen kann jedoch auch abseits von der Synchrondrehzahl ein Moment erzeugt werden. Dies kann beispielsweise mit Hilfe eines „Dämpferkäfigs" bewirkt werden, der durch Aufbau von Wirbelströmen ein Moment bewirken kann. Diese Art von Wirkprinzip werden wir im nächsten Kapitel im Rahmen der Asynchronmaschinen noch kennenlernen. Bei gleichstromerregten Synchronmotoren kann in der Anlaufphase der Gleichstrom abgeschaltet werden, um das Pendelmoment bis zum Erreichen der Synchrondrehzahl zu vermeiden.

Anwendungen von Synchronmaschinen

Als **dreiphasige** Variante wird der Synchronmotor beispielsweise in **Elektro-PKWs** eingesetzt. Dabei wird bei Schub- oder Bremsbetrieb die Synchronmaschine als Generator eingesetzt. Die Erzeugung des Rotormagnetfeldes wird hierbei durch Permanentmagneten übernommen, die durch Mitverwendung seltener Erden (heutzutage meist Neodym/Bor, seltener Samarium/Kobalt) starke Magnetfelder erzeugen können.

Als Generatoren werden Synchronmaschinen auch in **Windkrafträdern** und auch in großen thermischen **Kraftwerken** eingesetzt. Bei letzteren wird allerdings das Magnetfeld des Rotors durch Elektromagnet erzeugt (Zuführung des Gleichstroms über Schleifringe). Hierdurch können starke Felder mit geringerem Verbrauch teurer Materialien bei gleichzeitig guter Regelbarkeit erzeugt werden. Dabei kann auch gezielt Blindleistung erzeugt werden. Teilweise werden Synchronmaschinen als reine „Phasenschieber" zur Erzeugung von Blindleistung eingesetzt.

In **Stellantrieben** werden Synchronmotoren auch als Servomotoren verwendet. Die Frequenz der zugeführten Phasenströme wird dabei elektronisch den Anforderungen entsprechend geregelt. Auch existieren Stellantriebe auf Synchronmotorprinzip als Linearmotoren, bei denen Rotor und Stator quasi abgewickelt sind.

Als **zweiphasige** Variante wird der Synchronmotor beispielsweise in Form von Kleinmotoren für **Markisen- und Rollladenantriebe** verwendet. Dabei besteht eine relativ einfache Möglichkeit zur Drehrichtungsumkehr (siehe Kapitel 3.2.3).

Als **einphasige** Variante wird der Synchronmotor auch als Kleinstmotor für netzgespeiste **Analoguhren** (synchron zur Netzfrequenz) oder auch für kleine **Wasserpumpen** (Teich, Aquarium, Waschmaschine) eingesetzt (oft in Form eines „Spaltpolmotors", bei dem ein oder mehrere zusätzliche Pole vorhanden sind, die mittels einer Kurzschlusswicklung ein zusätzliches Feld bewirken, das den Motor in der gewünschten Richtung anlaufen lässt.).

Auch als **Tachogenerator** kommt der **einphasige** Synchronmotor zum Einsatz. Genau wie beim Gleichstrom-Tachogenerator ist die Polradspannung proportional zur Drehzahl. Beim Synchronprinzip kann jedoch auf Schleifringe verzichtet werden (Permanentmagnet als Rotor, am Stator wird induzierte Spannung abgenommen).

3.2.2 Asynchronmotor

Der Asynchronmotor (ASM) ist genau wie die Synchronmaschine ein Drehfeldmotor. Zum besseren Verständnis und zur Herleitung des Prinzips stellen wir uns aber zunächst wieder nur einen feststehenden Magneten vor, unter dem eine bewegliche Leiterschleife angeordnet ist (siehe Bild 160).

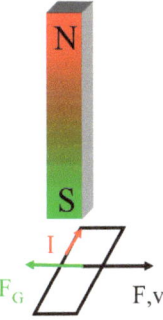

Bild 161: Leiterschleife mit Bewegung relativ zum Magnetfeld

Wird diese Leiterschleife bewegt, so ändert sich das Feld, das die Schleife durchsetzt und somit wird gemäß dem Induktionsgesetz eine Spannung induziert. Da die Schleife kurzgeschlossen ist, hat dies einen Strom zur Folge. Dieser Strom baut selber ein Magnetfeld auf, das so ausgerichtet ist, dass zusammen mit dem äußeren Feld des Permanentmagneten eine Kraftwirkung auf die Leiterschleife ausgeübt wird, die der ursprünglichen Bewegung entgegengesetzt ist (die Leiterschleife „wehrt sich" quasi gegen eine Relativbewegung zum Magnetfeld des Permanentmagneten).

Verwendet man anstelle einer Leiterschleife mehrere zu einem Käfig zusammengesetzten Leiterschleifen und lagert diesen Käfig drehbar um dessen Mittelpunkt, erhält man eine Anordnung gemäß Bild 161.

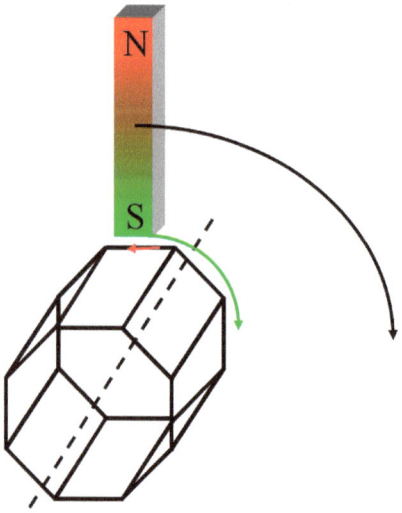

Bild 162: Kurzschlusskäfig mit rotierendem Magneten

Lässt man nun den Permanentmagneten um den Käfig rotieren, so wird aufgrund der Relativbewegung wiederum ein Strom in den Leiterschleifen induziert, der aufgrund seines Magnetfeldes durch die Wechselwirkung mit dem äußeren Feld eine Kraft bzw. durch die drehbare Lagerung ein Moment hervorruft. Dieses Moment sorgt dafür, dass der Käfig dem Drehfeld folgt.

Verwendet man nun anstelle des sich drehenden Permanentmagneten ein durch die phasenversetzte Speisung verschiedener am Umfang angeordneten Elektromagnete erzeugtes Drehfeld, so wird der Kurzschlusskäfig versuchen, diesem Drehfeld zu folgen (Bild 162).

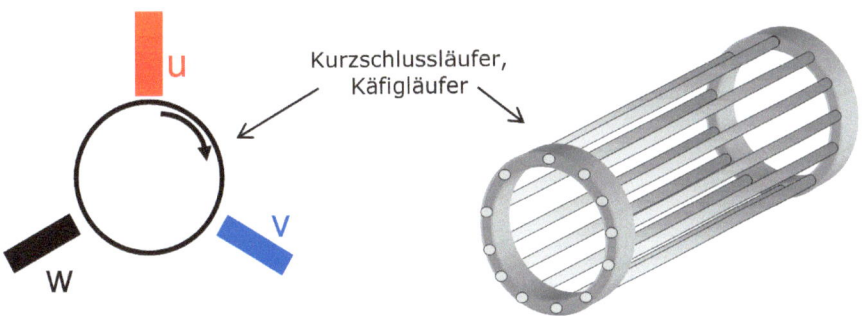

Bild 163: Kurzschlusskäfig im Dreiphasen-Drehfeld

Betrachtet man die Situation bei verschiedenen Drehzahlen des Kurzschlusskäfigs (Rotor), so wird schnell klar, dass bei einer Rotordrehzahl, die gleich der des äußeren Drehfeldes ist (der Synchrondrehzahl n_S), keine Feldänderung im Kurzschlusskäfig auftritt und somit aufgrund der fehlenden Induktionsströme auch kein Moment erzeugt wird. Läuft der Rotor jedoch langsamer, so entsteht ein Moment, das zunächst mit abnehmender Drehzahl größer wird (Bild 163).

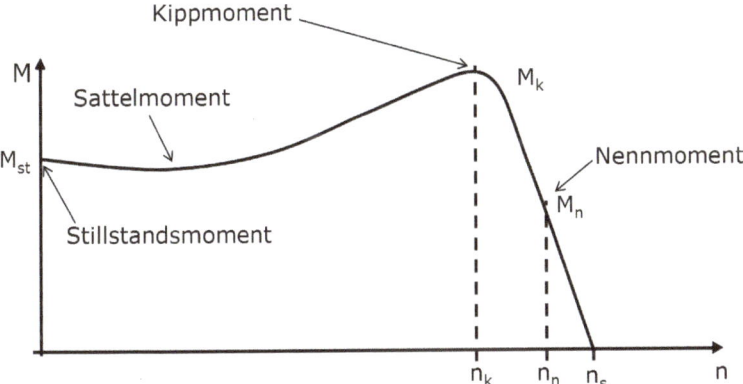

Bild 164: Drehmomentverlauf bei der Asynchronmaschine

Bei der sogenannten Kippdrehzahl (n_K) ist das maximal erzielbare Moment erreicht, fällt die Drehzahl weiter ab, so sinkt das Moment. Wird also der Rotor mit einem äußeren Moment belastet, das größer ist als das maximale Moment (Kippmoment M_K), so sinkt die Drehzahl bis zum Stillstand ab. Der Wert des Stillstandsmomentes M_{St} liegt unterhalb dessen des Kippmomentes. Je nach Gestaltung des Kurzschlusskäfigs kann das Stillstandsmoment jedoch größer sein als das minimale Moment, das dann als Sattelmoment bezeichnet wird.

Der Nennbetrieb wird in einen Bereich der Kennlinie gelegt, bei dem ein stabiler Betrieb möglich ist, das heißt, dass bei steigendem Moment die Drehzahl abnimmt. Das Nennmoment und die Nenndrehzahl sind im Bild beispielhaft eingetragen und sind mit den Größen M_n und n_n bezeichnet).

Den relativen Unterschied zwischen der Drehzahl des Drehfeldes, der Synchrondrehzahl n_S, und der Drehzahl des Rotors kann man auch durch den „Schlupf" s ausdrücken (analog zum Schlupf bei mechanischen Antriebssystemen beispielsweise dem Schlupf zwischen Reifen und Straße):

$$s = \frac{n_S - n}{n_S}$$

wobei die Synchrondrehzahl analog zur Synchronmaschine von der Frequenz des speisenden Stromes und der Polpaarzahl abhängt ($n_s = f/p$).

Der Schlupf ist also Null bei der Synchrondrehzahl und 1 bzw. 100% bei Stillstand des Rotors (siehe auch Bild 164 untere horizontale Achse).

Die Leistungen lassen sich näherungsweise aus der elektrischen Leistung (P_{Gesamt}) dem Schlupf berechnen:

$$P_{Verlust} = s \cdot P_{Gesamt}$$

$$P_{Mech} = (1 - s) \cdot P_{Gesamt}$$

Auch hier sind die Zusammenhänge genau wie bei mechanischen Systemen mit Schlupf.

Der Drehmomentverlauf lässt sich nach der Kloß'schen Formel aus Kippmoment und Kippschlupf berechnen:

$$M = \frac{2 \cdot M_K}{\dfrac{s_K}{s} + \dfrac{s}{s_K}}$$

G. Schmitz: Elektrotechnik für Ingenieurstudenten

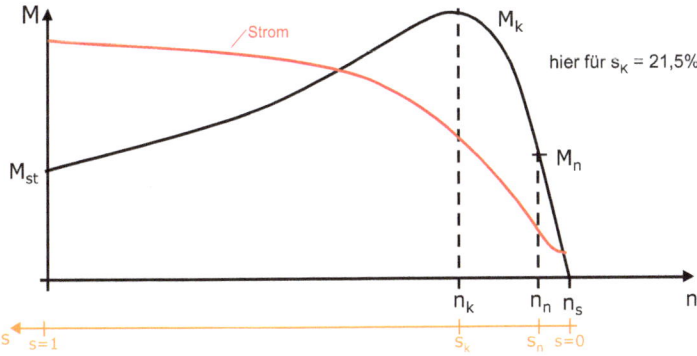

Bild 165: Drehmomentverlauf, Schlupf s und Strom bei der ASM

Der Strom der Maschine lässt sich anhand eines Ersatzschaltbildes bestimmen.

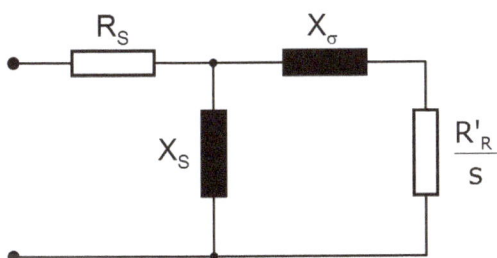

Man erkennt im Ersatzschaltbild, dass der rechte Widerstand, der die Leistungsaufnahme des Drehfeldes repräsentiert, schlupfabhängig ist. Bei einem Schlupf von Null ist der Widerstand unendlich groß und die Maschine nimmt im Wesentlichen nur noch Blindleistung auf $X_S \gg R_S$).

Aufgrund des hohen Anlaufstroms der ASM (Schlupf s = 1) werden bei größeren Maschinen spezielle Anlaufverfahren erforderlich, damit die vorgeschalteten Sicherungen nicht auslösen. Ein häufig verwendetes Verfahren ist die Stern/Dreieckumschaltung, bei der der Motor im Betrieb in Dreiecksschaltung läuft, beim Anlauf jedoch im Stern geschaltet wird um die Leistungsaufnahme zu reduzieren.

Anwendungen von Asynchronmaschinen

Als **dreiphasige** Variante wird der Asynchronmotor beispielsweise las Großmotor in **Elektro-Loks** und als mittelgroßer Motor in **Kränen** und **Förderbändern** verwendet.

Ebenso wie der Synchronmotor wird auch der Asynchronmotor als **zweiphasige** Variante in Form von Kleinmotoren für **Markisen- und Rollladenantriebe** verwendet. Dabei besteht eine relativ einfache Möglichkeit zur Drehrichtungsumkehr (siehe Kapitel 3.2.3).

Als **einphasige** Variante wird der ASM unter anderem für **Rasenmäher**, **Lüfter**, **Pumpen** und als Antriebsmotor in **Waschmaschinen** verwendet. Dabei wird teilweise eine Hilfswicklung mit vorgeschaltetem Phasenschieber-Kondensator als Anlaufhilfe verwendet. Eine andere Möglichkeit ist die Auslegung als Spaltpolmotor, wie schon bei den Synchronmotoren erwähnt.

3.2.3 Drehrichtungsumkehr bei Mehrphasenmotoren

Bei Mehrphasenmotoren kann eine Drehrichtungsumkehr leicht durch eine Änderung der Phasenfolge bewirkt werden. Bei Dreiphasenmotoren brauchen nur zwei der drei Phasen vertauscht werden und schon ändert sich die Umlaufrichtung des Drehfeldes. Bei Zweiphasenmotoren, bei denen die zweite Phase durch die Phasenverschiebung eines Kondensators zusammen mit der Wicklungsinduktivität bewirkt wird, kann die Phase, auf die die Verschiebung wirkt durch Umschalten des Kondensators und der Zuführung der Hauptphase bewirkt werden. In Bild 165 ist dies am Beispiel eines Rollladenmotors gezeigt.

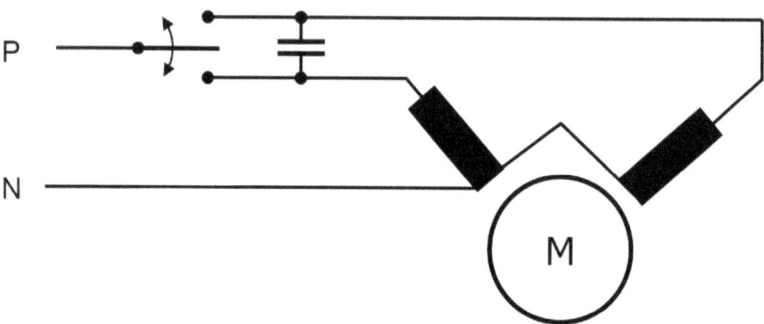

Bild 166: Drehrichtungsumkehr bei Mehrphasenmotoren

Bei Einphasenmotoren hier speziell bei den Spaltpolmotoren kann normalerweise keine Drehrichtungsumkehr vorgenommen werden, da der Spaltpol von der mechanischen Anordnung her beim Bau der Maschine festgelegt ist. In seltenen Fällen gibt es aber Auslegungen mit zwei Spaltpolpaaren, bei denen dann nur die Kurzschlusswicklung des jeweils zu verwendenden Spaltpolpaares kurzgeschlossen wird.

3.3   Diverse weitere Motortypen

3.3.1 Schrittmotor

Der Schrittmotor stellt bei kontinuierlichem Betrieb eigentlich auch einen Drehfeldmotor dar. Der übliche Betrieb eines Schrittmotors besteht aber in der Ausführung einzelner Winkelschritte.

Zur Ausführung eines Vollschrittes wird, wie in Bild 166 dargestellt, zunächst nur ein Polpaar bestromt und zur Ausführung der Bewegung auf das nächstliegende Polpaar umgeschaltet (a → b).

G. Schmitz: Elektrotechnik für Ingenieurstudenten

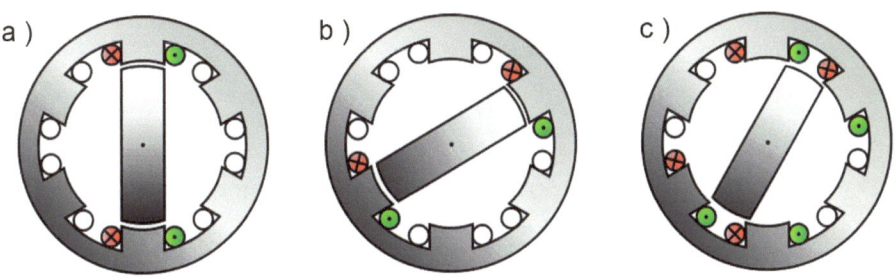

Bild 167: Schrittmotor, a → b Vollschritt, a → c Halbschritt

Bei entsprechender Ansteuerung sind auch Halbschritte möglich, indem zwei Polpaare gleichzeitig bestromt werden (c).

Auch sind feinere Auflösungen durch eine Art Nonius-Prinzip möglich, bei dem der Stator eine feinere Aufteilung der Ankerpaare des Polrades aufweist als der Stator an Rotorpolpaaren (Bild 167

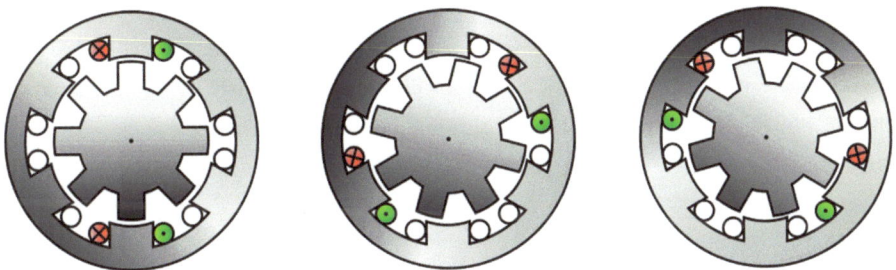

Bild 168: Verbesserung der Winkelauflösung bei Schrittmotoren

Bei jedem Vollschritt in der Statorbestromung bewegt sich der Rotor nur um einen kleineren Winkel als der Winkel zwischen den Statorpolen ausmacht.

Anwendungen von Schrittmotoren

Allgemein werden Schrittmotoren verwendet, wenn einfache Positionieraufgaben durchzuführen sind. Beispielsweise werden die Zeiger von **Quarzuhren** durch Schrittmotoren positioniert. Auch werden heutzutage scheinbar analoge **Tachometer** und **Drehzahlanzeigen** in Kraftfahrzeugen mittels Schrittmotoren realisiert (bei Ausfall des Bordnetzes z.B. durch Unfall bleibt der Tacho bei der gerade angezeigten Geschwindigkeit einfach stehen). Zur **Leuchtweitenregulierung** bei Xenonscheinwerfern sowie beim **adaptiven Kurvenlicht** werden ebenfalls Schrittmotoren eingesetzt.

Auch bei **Druckern** werden Schrittmotoren oft an mehreren Stellen (Positionierung von Druckkopf und Papier) eingesetzt.

Aufgrund der Art der Ansteuerung benötigt man im Idealfall keine Rückmelddung über die erreichte Position, da aufgrund der ausgeführten Schrittzahl der gesamte Winkel der ausgeführten Bewegung bekannt ist. Allerdings kann es bei zu großen Belastungsmomenten zu Schrittverlusten kommen, das heißt, dass der Rotor den Änderungen in der Statorbestromung nicht nachkommt. Dies kann auch aufgrund zu großer Beschleunigungen der Fall sein, wenn das Trägheitsmoment des Rotors bzw. der dort angekoppelten drehbaren Teile zu hoch ist.

Ebenfalls besteht das Problem, dass nach dem Einschalten die Position nicht bekannt ist. Hierzu wird häufig eine Initialisierung durchgeführt, indem das mit dem Schrittmotor verbundene zu drehende Teil an einen Anschlag gefahren wird und so viele Schritte (dann teilweise mit gezieltem Schrittverlust) durchgeführt werden, bis der Anschlag aus jeder beliebigen Position heraus erreicht würde.

Man erkennt diese Initialisierung bei manchen Automodellen, bei denen die Scheinwerfer beim Einschalten zunächst in ihre Endlage gefahren werden und dann erst richtig positioniert werden.

3.3.2 Reluktanzprinzip / Reluktanzmotoren

Bei den Schrittmotoren gibt es zwei verschiedene rinzipien, mit denen die Kräfte/Momente im Rotor erzeugt werden. Zum einen kann der Rotor als Permanentmagnet ausgebildet sein. Der dauermagnetischer Rotor richtet sich dabei entsprechend dem Stator-Magnetfeld aus (Bild 168, links). Vorteilhaft hierbei ist, dass auch bei Abschalten des Stromes ein magnetisches Feld dafür sorgt, dass der Rotor nicht schon durch sein sehr geringes äußeres Moment aus seiner Lage verstellt werden kann.

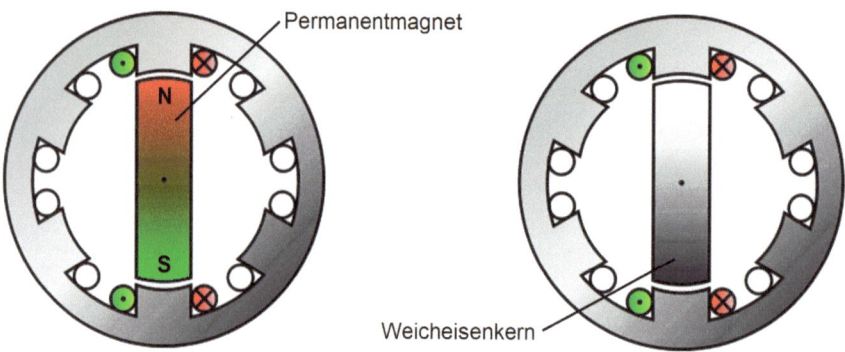

Bild 169: Links: Permanentmagnet- Schrittmotor, rechts: Reluktanz- Schrittmotor

Wird hingegen ein weichmagnetischer Rotor verwendet (Bild 168, rechts), so dreht sich der Rotor in Stellung, in der der magnetische Widerstand minimal ist (Zustand mit Energieminimum).

Da der magnetische Widerstand auch als „Reluktanz" bezeichnet wird, nennt man dieses Prinzip auch Reluktanzprinzip.

Vorteil des Reluktanzprinzips beim Schrittmotor ist der ruhigere Lauf gegenüber dem Permanent-Schrittmotor, da durch eine entsprechende Bestromung ein gleichmäßiges Motormoment aufgebaut

G. Schmitz: Elektrotechnik für Ingenieurstudenten

werden kann wären beim Permanentprinzip in bestimmten Stellungen quasi „Rastmomente" auftreten.

Auch Synchronmotoren können nach dem Reluktanzprinzip arbeiten. Sie werden dann auch als Reluktanzmotoren bezeichnet. Wird die Bestromung der Polpaare dabei abhängig von der Stellung des Rotors gesteuert, spricht man auch vom Geschalteten Reluktanzmotor (SRM = Switched Reluctance Machine).

3.3.3 Brushless DC-Motor

Das Prinzip, zum richtigen Zeitpunkt die Bestromung der Polpaare zu ändern, um damit immer ein optimales Moment aufzubauen, wird auch beim bürstenlosen Gleichstrommotor ausgenutzt (Brushless DC-Motor, BLDC oder auch EC-Motor, Electronically Commuted). Bei diesem Permanenterregten Motor mit dem Permanentmagneten im Rotor wird die Vertauschung der Polarität der (Stator-)Pole durch eine elektronische Schaltung in Abhängigkeit der Motorstellung vorgenommen. Dadurch, dass der Rotor keine Stromzufuhr mehr benötigt, können im Unterschied zum normalen Gleichstrommotor die Zuführung über Schleifringe und Bürsten (Brushes) erfolgen. Bild 169 zeigt das Prinzip des Motors.

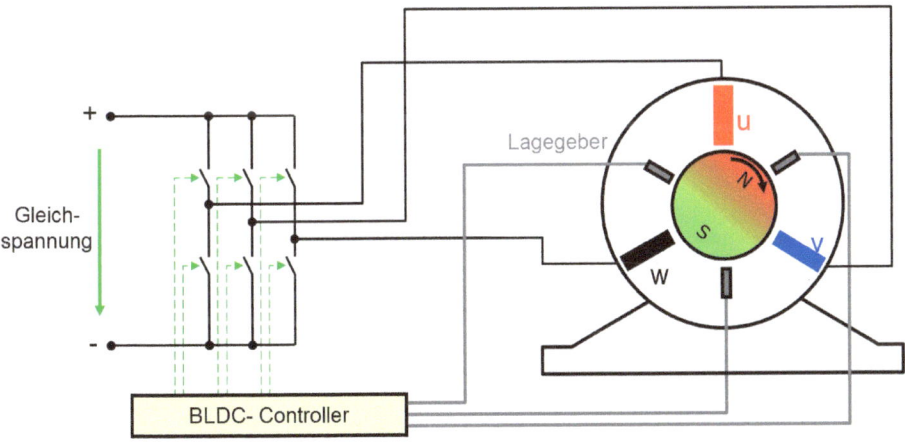

Bild 170: Bürstenloser Gleichstrommotor

Die Sensoren für die Feststellung der momentanen Winkelstellung des Rotors kann über einfache Sensoren erfolgen, die lediglich das Überschreiten der Winkelstellung als digitales Signal detektieren bis hin zu aufwändigeren Verfahren, bei denen die Winkelstellung über Resolver oder digitale Inkrementalgeber sehr genau festgestellt werden. Die Bestromung kann dann auch möglichst sinusförmig erfolgen, so dass ein möglichst glatter Momentenverlauf über dem Drehwinkel erreicht wird. Diese sinusförmige Ansteuerung wird meist über pulsbreitenmodulierte Schaltung der Phasenströme vorgenommen.

Eine derartige Maschine unterscheidet sich kaum von einer Synchronmaschine, außer dass bei der bürstenlosen Gleichstrommaschine die Frequenz des Drehfeldes nicht fest ist, sondern sich aus der Steuerung ergibt.

Anwendungen von BLDC-Motoren

Die Vorteile der bürstenlosen Gleichstrommotoren liegen überall dort, wo die Schleifringe und Bürsten zu Problemen führen können. So können sie beispielsweise aufgrund des fehlenden Bürstenfeuers (Funkenbildung durch induzierte Spannungen) auch in **explosionsgefährdeten Umgebungen** eingesetzt werden.

Auch überall dort, wo verschleißarme Motoren oder Generatoren benötigt werden, sind Einsatzgebiete der BLDC-Motoren zu finden (**wartungsarme Generatoren/Motoren in Kfz und Flugzeug**).

3.4 Belastungskennlinien von Motoren

Zum Abschluss des Kapitels über elektrische Maschinen sollen noch kurz verschiedene angetriebene Einrichtungen hinsichtlich ihres Lastverhaltens erwähnt werden.

Die drehzahlabhängigen Momente unterschiedlicher Antriebsaufgaben unterscheiden sich stark und gehen von konstanten Lasten über der Drehzahl bis zu quadratischen Abhängigkeiten. In Bild 170 sind einige unterschiedliche Lastverläufe zusammen mit der Momentenkennlinie einer Asynchronmaschine beispielhaft eingetragen.

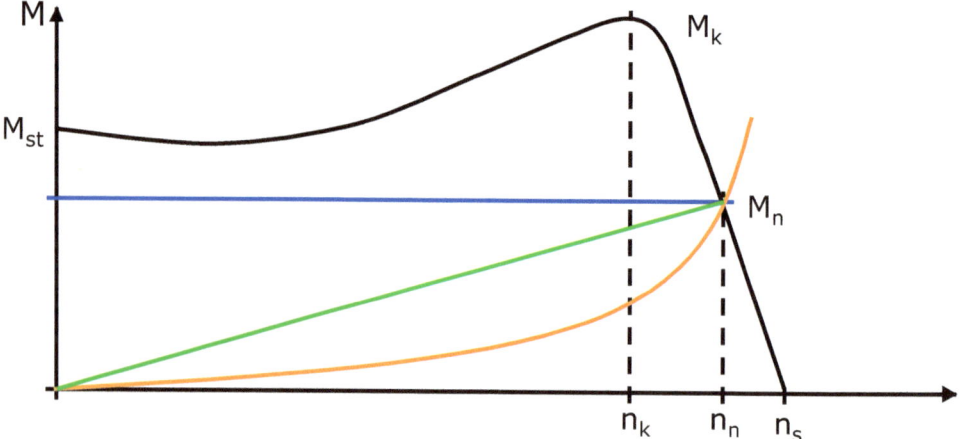

Bild 171: Verschiedene Lastkennlinien

Die Kurven sind jeweils am Nennarbeitspunkt mit der Kenlinie der Asynchronmaschine zum Schnitt gebracht worden. Der Lastverlauf von Hubwerken (z.B. Kränen) ist drehzahlunabhängig, da die Last immer die gleiche Kraft auf die Aufwickelrolle ausübt, unabhängig von der Drehzahl. Als Beispiel für ein mit der Drehzahl linear ansteigendes Moment seien Förderpumpen oder auch Walzen zur Verarbeitung von Blechen, Folien oder Ähnlichem (z.B. Kalander in der Papierindustrie) genannt. Quadratische Kennlinien ergeben sich insbesondere bei der Bewegung („Förderung") turbulenter Medien wie zum Beispiel bei Lüftern und Ventilatoren.

Neben der stationären Last kommen natürlich noch dynamische Lasten hinzu, die bei einer Änderung der Drehzahl (Beschleunigung) zu bewältigen sind.

Der Betriebspunkt der Maschine stellt sich also jeweils in Abhängigkeit der gesamten Lastmomente ein.

Das gesamte Lastmoment setzt sich zusammen aus:

- das innere (Reib-)Moment der Maschine:
  $M_i = d_i \cdot 2\pi n$, proportional zur Drehzahl
- das dynamische Moment
  $M_{dyn} = J \cdot 2\pi \cdot dn/dt$, proportional zur Drehzahländerung
- das externe Lastmoment:
  M_{ext} je nach Art der Belastung (siehe oben)

Insgesamt wirkt also die Summe:

$$M = M_i + M_{ext} + M_{dyn}$$

auf die Maschine und muss entsprechend von der Maschine aufgebracht werden.

Ende des Bandes „Elektrotechnik für Ingenieurstudenten"

Dieses Buch ist auch als 3-bändiges eBook verfügbar.

Der Autor hat ebenfalls Bücher zur Elektronik veröffentlicht.

Eine Übersicht zu den eBooks und gedruckten Büchern findet sich unter:

http://gschmitz.de/ebooks